卷首语

组合盆栽是最近国际上流行的园艺表现方式，它是将若干种植物种植在同一个容器里，打造出迷你花园的效果。希望本期《花园MOOK·创意组盆号》为大家带来新的花园创意。

《花园MOOK》之前几乎每一期都会刊载来自日本的组合盆栽作品，而在这一期组稿时，编辑部决定展示一下国内富有创意的高水平组合盆栽。于是我们举行了一次组合盆栽征集活动，令人惊喜的是，国内花友们的作品不仅有着很高的水平，还呈现出了独特的风格。

说到组合盆栽，就不得不提到最适合用于组盆的两种植物：球根和角堇。球根品种丰富，栽培容易，俏丽的郁金香、端庄的风信子、浪漫的银莲花，都是组合盆栽中作为主角的好素材。而搭配它们的，恰好就是永远的“最佳配角”角堇和三色堇了。

本期《花园MOOK》分别刊载了球根和角堇的专题文章，让我们可以更加深入地了解这两种可爱的植物，并学习如何把它们运用到组盆里。特别是那些独特的角堇品种，竟然都出自普通爱好者之手，看得编辑们都想涉足育种这件充满神秘的工作了！

这一期《花园MOOK》的特辑是花园里的餐桌椅。花园里的植物固然引人注目，但是精美的家具则是拉近植物和人类距离的好道具。无论是享受简单下午茶的一桌二椅，还是呼朋唤友的花园烧烤大餐，餐桌椅都带给我们更加丰富的园艺人生。通过对这一特辑的学习，选择一件心仪的餐桌椅，把它加入花园里吧！

正如本期的题号，创意是花园生生不息的源泉，而组盆又是创意的精彩表达形式。后面《花园MOOK》还会举行新的组合盆栽比赛，看过本期，你是不是也感觉灵感迸发，想要一试身手了呢？

U0232553

《花园MOOK》编辑部

图书在版编目(CIP)数据

花园MOOK. 创意组盆号 / (日) FG武蔵编著；花园MOOK翻译组译. -- 武汉：湖北科学技术出版社，2019.4

ISBN 978-7-5706-0623-8

Ⅰ. ①花… Ⅱ. ①日… ②花… Ⅲ. ①观赏园艺-日本-丛刊 Ⅳ. ①S68-55

中国版本图书馆CIP数据核字(2019)第023043号

「Garden And Garden」—vol.50&vol.62
@FG MUSASHI CO.,LTD. All rights reserved.
Originally published in Japan in 2014&2017
by FG MUSASHI CO.,LTD.
Chinese (in simplified characters only)
translation rights arranged with
FG MUSASHI CO.,LTD. through Toppan
Leefung Printing Limited

Huayuan MOOK Chuangyi Zupen Hao

责任编辑　张丽婷　周　婧
封面设计　胡　博　陈　帆
责任校对　傅　玲
督　　印　朱　萍
翻　　译　药草花园　金怡夏　久　方　白舞青逸　许雯雯　孙敬尧　罗舒哲
出版发行　湖北科学技术出版社
地　　址　武汉市雄楚大街268号（湖北出版文化城B座13-14层）
邮　　编　430070
电　　话　027-87679468
网　　址　www.hbstp.com.cn
印　　刷　武汉市金港彩印有限公司
邮　　编　430023
开　　本　889x1194　1/16　7.25印张
版　　次　2019年4月第1版
　　　　　2019年4月第1次印刷
定　　价　48.00元

（本书如有印装问题，可找本社市场部更换）

目录

欢迎加入 QQ 群
“绿手指园艺俱乐部 235453414”

花园MOOK·创意组盆号

CONTENTS

Vol.09

抢先步入春天

令人心动不已的可爱小花组合盆栽

寒冬是没有色彩的寂寞季节。在等待静好春光到来的闲暇之余，总会忍不住想用组合盆栽提前召唤春天的到来。这次我们引用“自然”“精致”这两个设计要素来装点冬日里的花园。

细节

用带有斑叶的景天点缀着有黄色斑纹的外毛百脉根，使整个盆栽显得色彩明亮又柔和。

盆栽的边缘用景天和常春藤搭配，这样能很好地遮盖住盆土，同时不同大小和质感的叶子能够突出层次感。

纤巧的花草造型搭配出轻快的景观

以薰衣草色的假马齿苋为主，搭配上流线型的百脉根和景天，营造出蓬松的感觉。低调的花盆突显出草花的鲜艳。常春藤‘白雪姬’具有层次感的叶子让整个组合盆栽显得丰富多彩。

植物名录

1. 假马齿苋 Scopia系列
2. 常春藤‘白雪姬’
3. 景天
4. 外毛百脉根‘硫黄’

装饰小角落的组合盆栽

在容易成为死角的角落，用架子和椅子制作出结构紧凑的花台，花台上可以摆放组合盆栽。仅是杂货堆砌在一起，加上组合盆栽后也立马变为亮丽的一角。

细节

仙客来的花朵有独特的波浪花边，优美轻快的造型是整个组合盆栽的基调。

线条形的植物，比如薜荔、小球玫瑰等，与色差较大且具有圆形叶子的植物组合，给人纤细的印象。

过路黄和筋骨草的叶色为盆栽增添绿色的层次感，同时也具有一定的安定感。

植物名录

1.仙客来‘迷你威娜F1’
2.聚花过路黄‘午夜太阳’
3.薜荔
4.筋骨草‘勃艮第辉光’
5.斑叶千叶兰
6.双色小球玫瑰

叶子的细微差别 突显出主角的优雅气质

杯形古董造型的花盆种满具有细致色差的草花后，洋溢出满满的精致感。组合盆栽的主角选择的是花朵具有波浪花边的优雅的仙客来。白色的叶脉加上深绿色的叶子，突出了白色花朵的美丽。植物枝条低垂而下的样子，令整个设计充满动感。

细节

银叶的百脉根散乱着，引导出盆栽的温暖感。此外，匍匐的蓼也提升了整体的自然度。

金属质感的野芝麻和斑叶柃木的叶子增添了绿色的层次感。奶油色香雪球的小花增加了明亮的色彩。

作为主角的黄色角堇仿佛是茂密的玉带草草丛中的笑脸，自然又不失清爽。

植物名录

1.角堇（黄色）
2.香雪球（奶油色）
3.野芝麻
4.玉带草
5.斑叶柃木‘残雪’
6.斑叶多花素馨‘银河’
7.克里特百脉根
8.蓼

让人联想起
春天草原的田园风光

这个设计的思路是利用扁平状的花盆表现出充满趣味的组合盆栽。叶子呈流线型的玉带草和奔放生长的多花素馨，让人联想到从盘子里倒出的水。不同深浅的黄色基调强调出不同叶形的绿色，轻而易举地表现出了色彩的搭配。

装饰家门口的组合盆栽

玄关周围的景致会大大影响来访者对主人的印象，因此玄关一直是需要着重装饰的场所。用组合盆栽装饰，营造出鲜艳华丽的气氛。

植物名录

1. 蓝盆花‘蓝色气球’
2. 姬小菊（紫色）
3. 欧石楠
4. 花叶络石（五色葛）
5. 玉山悬钩子
6. 大叶醉鱼草
7. 三叶草
8. 克里特百脉根
9. 黑龙沿阶草

细节

植材周围用椰子纤维围起来。这样不仅可以遮盖住花盆的边缘和盆土，而且以花叶络石和三叶草为背景，给人柔软的印象。

深色的黑龙沿阶草和三叶草与克里特百脉根银色叶子的色彩对比，呈现出成熟冷感。

兼具成熟感与可爱感的组合盆栽

惹人怜爱的小花和小叶植物，加上紫与黑这种成熟的配色是整个设计的亮点。后部直立的白花欧石楠，减轻了水泥花盆的沉重感。

装点空旷的花园

利用网格和落叶树木的枝干，挂上悬挂式的花篮，使缺少色彩的冬季花园变得热闹华丽起来。选择空间大且有特色的花篮，更能让人感受到组合盆栽的赏心悦目。

可以将盆栽悬挂在枝干粗壮的树木下，这样就能为色彩单调的花园加分！等到花盆里的植物长得郁郁葱葱时，又会是一番别样的风景。

细节

野草莓延伸而出的花茎顶部开出白色小花，锯齿状朴素质感的叶子更是增添了可爱感。

常春藤和蜡菊的枝条从花篮角落的间隙穿过并生长。柔软的藤蔓和银色叶子的搭配提高了色彩的亮度。

植物名录

1. 报春花（粉桃色）
2. 帚石楠
3. 野草莓
4. 银边常春藤
5. 蜡菊‘银星’

用装满“春天”的花篮温暖冬季的花园

优雅的白色花篮里装满了暖色系的报春花和帚石楠。报春花小而紧凑的华丽身形和帚石楠颗粒状的小花相互衬托。在阳光下，整个盆栽如同装满宝石的盒子一般闪闪发亮。这个设计主要以俯瞰为主，适合悬挂在较低的位置。

植物名录

1. 黑龙沿阶草
2. 马蹄金
3. 宽叶百里香‘福克斯利’
4. 聚花过路黄‘午夜太阳’

清爽轻快的造型
映衬出绿色的美丽

用散发着硬质感的铁篮子和 4 种不同类型的叶子简单搭配出男性化造型。黑龙沿阶草的黑叶与铁器相辅相成，这种组合盆栽无论是运用在花园里还是水泥材质的现代空间中都很自然。

细节

黑龙沿阶草和马蹄金的动感，加上百里香的小叶子点缀在茂盛的过路黄中，形成富有美感的一个整体。再加上作为点缀的椰子纤维后，显得更加自然。

组合盆栽设计师

伊丹雅典

园艺店L'Isle-sur-la-Ring的负责人。其经营的店铺氛围非常温馨，销售多样的古董和仿古董的杂货，并提供与之相配的植物。同时也提供花园设计和施工服务。

角堇、三色堇的新品种陆续上市

Viola

开始成为角堇培育家吧！

因为一些个人育种家积极加入到对角堇之美的追求中，不断进行杂交育种，从而诞生了多种有着不同面貌的角堇。角堇本身就是我们非常熟悉的小花，如今富有设计感的新品种诞生，相信其可爱度也会倍增。快来一起踏入角堇的世界，成为热爱角堇的人吧！

照片提供／川越 ROKA

关注这些地方，选择会更有趣！

花的造型

关注名字的方法

半重瓣（八重开）

花瓣在6枚以上，就可以算作是重瓣品种。这种花有着让人认不出是角堇的华美。

落合庆子培育　未命名

兔耳花形·兔子花形

就像兔子一样耳朵张开的花形称为兔耳花形。下端尖形的叫作兔子花形。

兴梠信子培育‘拼花玻璃’

绿花

追求角堇中唯一不存在的颜色——绿色。照片显示的是最新杂交种。

兴梠信子培育‘绿花边’（暂定名）

蓝染

花色随着时间更替慢慢被染成不可思议的蓝色，每天都展现出不同的面貌。

大牟田尚德选育‘结·蓝染’

花边

花瓣外缘是其他颜色。有真复轮和斑纹复轮两种类型。

川越ROKA培育‘萨摩日出’

波浪

花瓣好像波浪一样，卷曲程度从柔和到强烈，程度不同，样子也不同。

兴梠信子培育‘信子波浪’

褶皱花边

落合庆子培育出的具有独特花边的品种，具有宿根堇菜的血统。

落合庆子培育‘紫色花边’

反卷开

好像被风吹拂一样，花瓣反卷开放，是非常独特的花形。

兴梠信子培育‘梦露舞裙’

抱心开

花瓣的顶端向内侧卷曲，仿佛拥抱着花心一般，是一种非常柔美的花形。

兴梠信子培育‘雪饼’

锯齿边

花瓣边缘有锯齿，低调奢华，目前具有锯齿边花瓣的角堇只有图片上的这个品种。

川越 ROKA 培育‘金抚子’

缩瓣

花瓣紧缩的原因有很多种，图片中的品种，每朵花的花形都不一样，非常值得关注。

落合庆子培育‘黑色缩瓣星星’

花纹（条纹，碎色）

花瓣的一部分发生花色变化，好像蜡染一样出现条纹花样。变化丰富，独具魅力。

笈川胜之培育‘花之祭’

烧色

烧色即花瓣的一部分发生褪色，呈现出金属的色泽。烧色的形态根据不同的花瓣而有所不同。

平家弘子培育‘梦之国’

脉纹（网纹）

花瓣上出现美妙清晰的网纹，个性强，存在感很突出。

川越 ROKA 培育‘古日日’

\大热门角堇/

'碧色小兔'

角堇、三色堇的潮流从九州花之国的宫崎开始

在日本九州地区宫崎县宫崎市内园艺店工作的角堇育种家川越ROKA先生是日本角堇育种家和爱好者的领头人，除了自己育种，他还是众多育种家进行品种开发时的导师。

这次我们来到兴梠信子的苗圃，这里也是人气品种'碧色小兔'出生的地方。在这里我们向川越先生了解了人气品种的诞生故事。

\值得关注的反卷花/

'梦露舞裙'

在不断产生人气品种的兴梠信子的苗圃，精心培育的角堇们被摆放得密密麻麻。

爱心满满的角堇之母

育种家（宫崎县）
兴梠信子

曾经从事紫罗兰、金鱼草的切花生产工作，2002年开始着手角堇、三色堇的育种，不断开发出各种人气品种。

\丰满的重瓣花/

'信子的重瓣'

人气育种家信子的作品

兴梠信子的苗圃位于日本最南端以滑雪场著称的五濑町，冬季寒冷。在清新澄净的空气里，诞生了这些面貌各异的花朵。

角堇爱好者的传教士

育种家（宫崎县）
川越ROKA

他在育种家中像导师一般地存在，也是促进角堇和三色堇发展的大功臣。目前在日本宫崎县宫崎市的园艺店阿娜仙工作，并不断挑战新品种的培育。

川越先生培育的具有前瞻性的角堇

用年轻的力量支持育种家们

「石川园艺」

生产者（宫崎县）
石川智树、石川泰子

包括角堇、三色堇在内，石川园艺生产各种花苗，比如川越的ROKA 精选和笈川的横滨精选，为育种家们所信赖。以石川夫妇为代表的生产者，在幕后给予了育种家们莫大的支持。

温柔的感性 诞生出的人气角堇

川越ROKA先生，曾培育出独特的锯齿边品种'金抚子'，是一直走在育种界前沿的先锋。同时他也得到了育种家同行的信赖，新品种的消息一发布，育种家们就会立刻汇聚到川越先生这里。川越先生的博客提供了各种信息，从潮流品种到杂交方法，都是角堇爱好者的关注焦点。在南国的宫崎，他向全日本的角堇爱好者传达最新的信息。

从川越先生这里，兴梠女士学到独门的角堇育种技术，从而培育出了人气品种'碧色小兔'。花形好像兔子竖起耳朵，上花瓣的一部分变成鲜明的天蓝色，非常有特点。这种可爱造型赢得了众多园艺爱好者的心，以至于全日本的园艺店都来预订，一时间连生产都跟不上了。因为品种的稳定需要一定时间，所以很多品种还不能发货，育种家的苦心也可见一斑。

兴梠女士说："在兔子花形中，我喜欢花瓣下端尖尖的类型，为了追求它而进行了杂交，结果出现了有趣的颜色和形态，就是'碧色小兔'。"在杂交中，虽然是偶尔，但可以说必然会出现不可思议的造型，怎样用它进行杂交从而引出下一个新品，完全是依靠育种家的感性。所以，在园艺店里摆放的具有不同面孔的角堇们，其实是育种家们走过无数歧途才培育出来的，想到这里总让人不禁感动。

培育者温柔的感性，不达目的决不罢休的热情和探求精神，造就了可爱的小花。我们一起来好好欣赏一下它们吧。

不仅仅在宫崎！

“值得关注的育种家”

除了宫崎县，日本全国都有独特的角堇品种诞生。这里介绍几位在园艺届人气很高的育种家，可以说都是角堇界的大咖。

鲜嫩、看起来美味可口的颜色

‘水果天堂’

重瓣花

未命名

角堇界的绅士

育种家（神奈川县）
笈川胜之

作品有着来自大都市的优雅，代表作有横滨系列，以及在日本花卉精选上获优秀奖的作品‘我的小公主’。

形态柔美至极

‘爱你’

像天鹅绒一般的美

‘绒蓝’

可爱的表情动人至极

未命名

深色的花纹异常美丽

‘花之祭’

透明感和融合色的共同表演

‘PRISM’

高雅华美的色彩

‘芳塔吉亚’

运用微妙色彩的魔法师

育种家（静冈县）
落合庆子

擅长运用美丽的色彩，是以花绘本系列而著称的育种家。自己绘制插图的植物标签也具有很高的人气，是让角堇中的重瓣花变得华美的大功臣。

创造独一无二的花朵，挑战杂交！

1\.

选择花粉亲本和种子亲本，样子不同的亲本杂交出来的品种可以呈现出不同的形态。

2\.

花粉聚集在父本的雌蕊下方（角堇花丝极短，花药环生于雌蕊周围），用镊子或牙签把它们掏出来。

3\.

将花粉放入母本的雌蕊洞里，稍微拉开花瓣则比较容易操作。

4\.

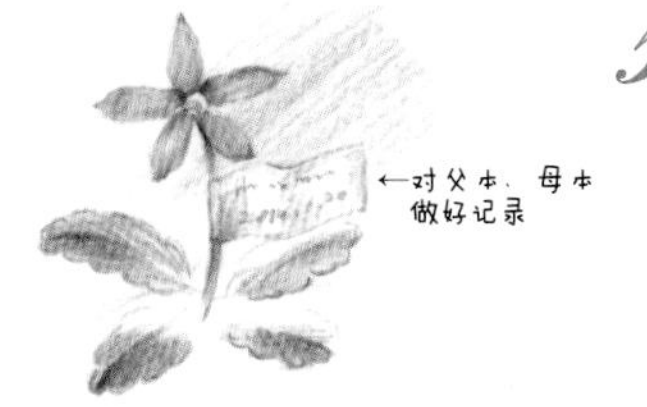

为了防止蜜蜂将其他花的花粉带到柱头上，把花瓣去掉，这样就不会吸引蜜蜂来了。一定不要忘记记录亲本名字。

5\.

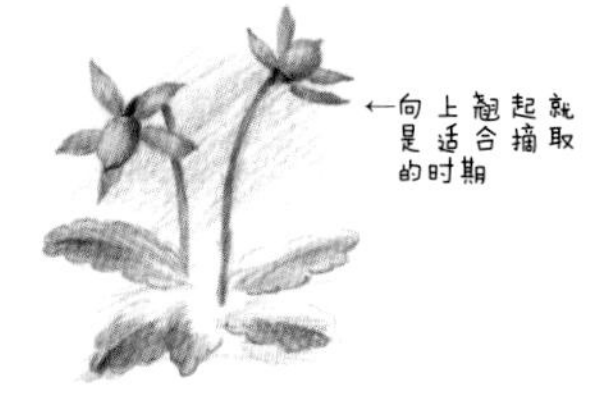

子房膨大裂开前摘取种荚，子房向上翘起就是摘取的好时机。

6\.

将5中摘取的种荚放入信封中并把信封吊起来使其干燥，待种荚开裂后放入冰箱保存，播种时间在晚夏到初秋为宜。

※个人育种家的花都包含了育种家们独特的想法，在杂交时务必珍惜最初的想法。

插图/雪穗香

用形态丰富的角堇、三色堇进行组合盆栽

个人育种家培育的形态各异的角堇，让你在组盆时可以大展身手。

在气氛设计上大受好评的两位园艺师，将使用心仪的花制作组盆。

沉静的花色和生锈的花盆组成别致的组合

紫花的角堇位于焦点位置，以带有波浪花边的‘花之祭’为主角，搭配数个花形各异的角堇，强调出渐变色。有纤细的黄色叶子的新西兰麻，有绿叶和铜叶的菊苣，这些彩色叶子为组盆增添了更多的动感。

笈川胜之培育

‘花之祭’

川越ROKA 培育

‘蜻蜓玉’

兴梠信子培育

‘蝴蝶’

花神黑田园艺

园艺师

黑田健太郎

《花园MOOK》上多次登场的小黑老师，“花神黑田园艺”专属园艺师，擅长复古色组合盆栽，著有多本书籍。

糖果色的小花聚集，似春日的原野一般

花梗短、颜色柔美的4种角堇自然地组合在一起，好像在野外开放的小野花。角堇中间种植了深粉色的天鹅江菊和铜色的彩叶，让水粉色系得到很好的统一，表达出野地小花的温柔与坚强。

花醋栗

园艺师

荣福绫子

埼玉县花店“花醋栗”的园艺师，擅长柔美系组合，和黑田健太郎共同著有《多肉植物的组合》一书。

川越ROKA 培育

‘小桃红’

落合庆子培育

‘落合半重瓣’

兴梠信子培育

‘海鸥’

落合庆子培育

‘花绘本水粉蕾丝’

球根植物的秋种春收

米米

采购途径

目前的采购途径主要有以下2种：网购（预售）、实体店（现货）。

挑选健康壮实的球根，是成功种植的第一步。若本地花市商品不够丰富，建议采用网购的形式。由于郁金香、洋水仙、番红花、风信子等球根大部分依靠进口，网购建议选择口碑好、质量稳定的卖家，最大限度地使进货途径、储存和物流等各个环节均有保证。一般每年夏季，各大卖家都会开始预售，这时候下单品种多、价格便宜；网店一般也会在到货后继续售卖，只要在12月底之前完成采购就可以了。喜欢现场采购的花友则可以在每年秋末冬初的各大花卉市场、园艺卖场上找到心仪的品种，卖场里的限购植物也非常有趣。

种植时间

在秋季种植大部分早春开花的球根是最合适的。新买的球根，只要在收到后及时种植即可（10月至12月底）。新购的球根，基本都是处于休眠状态，种植后它们会先萌发出根系；入冬后停止生长进入半休眠状态，并在低温下进行花芽分化；转年气温回升，再迅速生长并开花；到夏季高温时，地上部分枯萎，地下的球根则休眠越夏。

郁金香、洋水仙等大部分秋植球根的生命周期大概是这样的：小苗（从小种球或者小种子发芽开始算）发育到能开健壮而丰硕的花朵一般需要2~3年，每年早春到夏初都是它们旺盛生长的季节；仲夏（约7月），土表的枝叶枯萎，养分聚积于球茎，成熟的球茎在夏季收获；秋末冬初种植；翌年春季开花；之后继续进入复壮生长。在气候适宜的地区，这些植物生生不息，而且会越来越繁盛。在气候不太适宜的地区，有些品种只能欣赏一季，如郁金香在中国江浙不少地区都很难复壮复花。

春分一过，郁金香、洋水仙、番红花、风信子就迫不及待地拉开了春的序幕。
早春的花园，总少不了这些春天的使者。
那么，我们到底应该在什么时候种植它们，又该如何进行养护呢？

种植准备和日常管理

1. 日照充足，通风良好

大部分球根都可以选择盆栽、地栽，或是水培，但无一例外，它们都对阳光有较高的需求。日照充足使植株矮壮紧凑，叶片短肥且花朵挺拔。日照不足的情况下，枝干会表现出“细、弱、软”的不良症状，植株容易倒伏，观赏性会大幅下降。种植在至少有 4 小时直接日照的环境中，是最好的选择。

环境通风有利于加快介质土壤干湿循环，使根系更健康；不通风容易导致球根发霉，或出现消苞等现象。保证环境通风良好的最好做法就是在室外种植，条件局限的阳台、窗边可以选择水培的方式种植。

盆栽的优点：运用广泛，可以随意造型和组合。
地栽的优点：管理简易，复壮复花更容易。
水培的优点：趣味性强，可用于花艺空间装点。

2. 种植介质和底肥

盆栽可以结合不同球根的种植深度需要，选择或大方简约，或精巧别致的不同材质的花盆。如朱顶红、郁金香和洋水仙等球根较大的建议使用深度 20cm 以上的花盆，番红花、风信子、葡萄风信子和玉米百合等球根较小的可以使用深度 15cm 左右的花盆。盆栽介质须保证透气性，一般可以用泥炭或椰糠，加入珍珠岩等颗粒介质；若有种植其他植物后回收的旧土，亦可以在加入新介质和肥料后用来种植球根；避免使用容易板结的园土和黏性土壤。盆栽底肥建议使用缓释肥，既能持续提供肥效，又可避免烧根。

地栽时，应对种植土壤进行深耕松土，并加入有机肥、复合肥，或加入腐叶土改良土壤，确保土壤排水性和肥性良好。

不论盆栽还是地栽，都应避免直接使用黏性土壤或劣质园土。

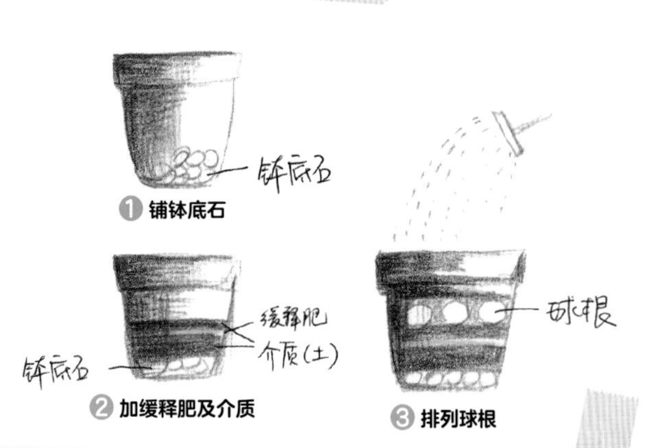

3. 种植步骤

新采购的球根，种植前可以使用多菌灵等杀菌剂进行短时间的消毒。（球根若是健康的可以省略消毒步骤，多菌灵杀菌的主要效果在于预防。）

有伤口或局部溃烂的球根，应挖去坏掉的组织并严格消毒。（建议使用高锰酸钾等杀菌剂，记得戴手套操作本步骤，消毒后晾干，放置2天左右，待伤口干结后再栽种。）

❶ 花盆底部铺钵底石。

❷ 加入介质到距花盆底约1/3处时加缓释肥。继续加介质到花盆一半的位置，略压实介质。

❸ 将球根整齐排列在花盆中。

❹ 覆盖介质至花盆将满为止。

❺ 浇透水并略压实。

❻ 可以选择为盆土覆盖铺面介质，如麦饭石、硅藻土，也可以选择搭配其他冬季花卉。

4 覆盖介质

5 浇透水

6 可以使用铺面介质

4. 浇水和追肥

地栽的球根，基本可以“靠天吃饭”，长期未下雨再进行人工补水。

盆栽则建议采用“干湿交替”的方式浇水，待表土以下3cm干燥了再浇透。介质长期湿润容易导致烂球或烂根，长期缺水则会导致发育迟缓。

一般球根萌发的新芽露出土表后，可以10天左右使用1次液肥灌根（以磷、钾含量高的开花肥为佳）。花谢后及时摘除残花和种荚，持续使用液肥以促进植株复壮，直至枝叶枯黄，断水。

5. 夹箭和消苞的应对

花苞从诞生的那一天开始，就是花友们每日关注的重点。然而意外总是会发生，常见的2种意外是夹箭和消苞。

夹箭

主要表现是花枝短，甚至直接贴着土面开花（特殊品种除外）。主要原因有2个。一是低温不足。在花苞形成的过程中，温度骤然升高，植株感受到了该开花的温度，就迫不及待地先开花，从而放弃了“长个子”。这也是在中国广东广西地区发生夹箭的情况比其他地区多的原因。二是覆土不足。需要深埋的球根，如果覆土太浅，相当于也失去了土壤的保温作用，植株在生长中用了更短的时间感受到了环境里的温度，于是提前开花。

拯救夹箭的紧急措施是将植株移送到日照少、温度较低的阴暗环境（可以直接套个纸箱），人为创造徒长环境。

避免夹箭的办法更简单一点，两广地区种植过程中减少日照，其他地区适当深埋即可。

消苞

花苞长着长着，忽然就僵了，变黄、变黑，开不了花，就是消苞。这个原因就比较多了。一是缺水。缺水的表现是花苞和叶尖发干发黄。可能是花盆太小，水分、养分供给不足，或者人为失误未浇水。二是太涝。表现是花苞和叶尖发黑、发软，土壤没有得到干湿循环，根系发生腐烂。三是日照不足。遇到长期阴雨或者种植环境长期日照不足，花苞会发育滞缓，更严重的就是萎缩枯黄。四是不通风。处于不通风环境中，靠近土壤部分的枝叶会黑腐变软。五是环境发生突变。比如植株从室外搬到室内，也会发生消苞。

消苞发生后不可逆转，而且对于一年只有春天才开一次花的球根来说，这个春天就浪费了。为了避免消苞，需要科学浇水，充足日照，通风良好，环境稳定。幸好大部分球根消苞发生少，我种过的球根里，对环境和管理最敏感的只有重瓣的郁金香。（2015年春天持续下雨，其他品种均无碍，只有一盆重瓣郁金香消苞严重。）

覆土深度

郁金香、洋水仙、番红花、风信子、葡萄风信子、阳光百合等大部分球根在种植时，可以用球根的大小衡量种植的深度，地栽覆土大概3个球的高度，盆栽覆土2个球的高度。

以郁金香为例，3个球的高度大概10cm，2个球的高度大概6cm；而以葡萄风信子为例的话，3个球的高度大概6cm，2个球的高度大概4cm。

朱顶红种植建议露出1/3球身，有利于花芽萌发。

花毛茛、银莲花和德国鸢尾则都属于只能浅浅埋住球体、露出芽的种类。

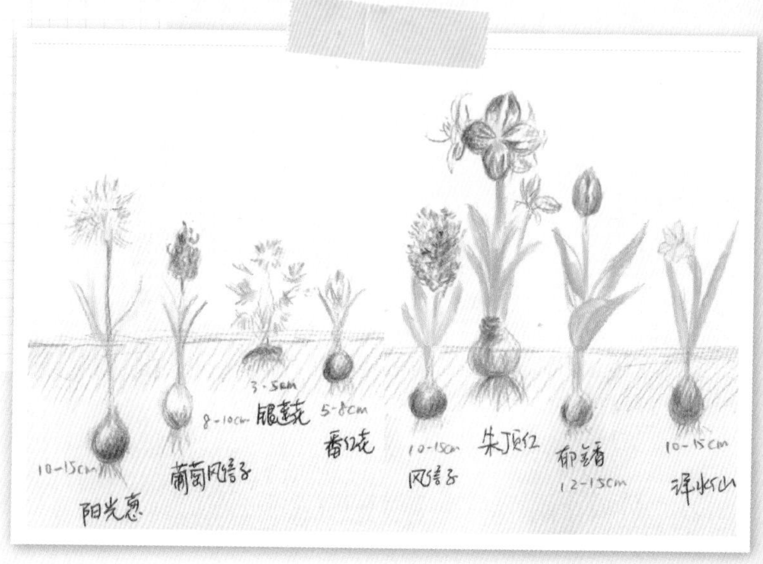

注：图中数字表示该种植物的覆土深度。

密植

盆栽时将球根一个挨着一个在花盆中密植，可以达到极好的观赏效果。密植尤其适合郁金香，因为郁金香在中国除东北外的大部分地区较难复花，作为一次性栽培品种，为了追求最大视觉效果，密植是最好的方式。其他容易复花的品种，种植时建议每个球根之间间隔1个球的距离，为花后复壮留下一定空间。郁金香、洋水仙、番红花、风信子、葡萄风信子、阳光百合等都适合密植。

朱顶红如果密植则需要更大花盆，以利于根系生长和植株发育。朱顶红是非常容易复壮复花且繁殖能力很强的一类球根。

花毛茛、银莲花和德国鸢尾都不太适合密植，一般花毛茛、银莲花用直径12cm的花盆可以种植1颗，直径20cm的花盆则可以种植2~3颗。德国鸢尾需要更大的空间，特别适合种植在水塘边，或用直径25cm以上的花盆种植1颗。

自然球和5度球的区别

郁金香5度球同郁金香自然球的区别在于，5度球是经过低温春化处理的，可以在广东等温度较高的地区直接开花，在其他地区种植的话，花期比自然球提前了大约1个月。自然球则在没有低温的地区很难开花，不适合两广等地区。自然球在低温低于5℃并持续1个月以上的地区种植都是零压力。

组合球根盆栽

一般不建议将不同种的球根种在一起，甚至同一种球根的不同品种，它们的开花时间都会不同，要达到同时开放难度比较大。但将种植的品种花期错开，可以延长盆栽的观赏期。一般自然温度下，江浙地区几种球根的开花时间从2月中下旬开始持续到4月，先后顺序是：郁金香5度球、番红花、葡萄风信子、风信子、洋水仙、郁金香自然球、朱顶红。

无论选择花期错开的搭配，或者选择花期接近但植株高低错落的搭配，还是选择同一种类多层种植，都是值得尝试的。需要注意的是，搭配组合需要更大的花盆，花盆太小在花苞形成后容易出现水分、养分不足而消苞。

球根植物搭配草花也是非常不错的选择，在球根们开花之前，三色堇、角堇、报春花、矾根都可以为花园增添色彩。

最佳购物和搭配特辑

给球根施魔法的冬季管理

园艺家们在冬季里的一个重要工作就是种植球根。
翻看目录或是到园艺店亲自挑选，反复斟酌，艰难取舍。
像这样有梦想地度过每一天，是不是也很精彩呢？
那么我们就来看看哪些球根是值得我们种植的吧。一定可以发现你心仪的球根品种！

Part 1
红茶和料理研究家 小田川早苗女士精心打造的
春色闪耀的庭院

Part2
从基础到实践技术
了解更多球根的知识

Part 3
编辑部特选推荐的球根
春季开花球根的精选目录

接近紫色的银莲花和婴儿粉色的花毛茛构成色彩多变的角落。

粉色

通过调节彩度和明度，演绎出色彩的渐变

上/造型蓬松丰满的蓝目菊与竖线条的羽扇豆对比鲜明，非常美丽。

下/外侧是艳丽的粉红色、内侧是白色的郁金香，即使只有一株也给人华美的印象，植株底部是低矮的银莲花。

圣诞玫瑰是早春庭院里重要的存在。

Part 1

红茶和料理研究家 小田川早苗女士精心打造的

春色闪耀的庭院

球根和草花组成的庭院，有时会因为把两种色彩都很鲜艳的花组合到一起而显得喧嚣杂乱。我们看到小田川老师的庭院按照花色分成了3个区域，这样可以充分发挥出球根和草花各自的魅力。

小田川早苗，红茶和料理研究家。在东京都内开设西式点心教室，并经常为各种杂志撰稿。

紫色的小花三色堇风格素雅，是适合任何庭院的万能选手。

小田川老师带有工作室的公寓里有一个专用庭院，原来就很爱好园艺的她在庭院里种植了料理用的香草、果树、蔬菜等，还有数十种球根和草花。春天是她最期待的季节，在花境里盛开的各种花儿每一年都让人充满感动。

大致被分成3个色块的花境园里，为了让每种植物都发挥出各自的特性，故而充分考虑了相邻花草的高度、花形、花色后进行了植栽配置。

小朵的花、颜色淡的花进行群植，株高较高的植物和颜色深的植物则间隔种植，再加入一年生草花和银叶、花叶等吸引眼球的植物，充分淡化在颜色分界处常出现的不自然感。

“球根栽培起来很省心，又能够带来春意盎然的景致，对我来说是很珍贵的。”小田川女士这样说。

边界花园

蓝色

梦幻般漂浮的存在
为淡色花朵增添了亮点

淡蓝色的勿忘我带给人神秘感，再似点缀般地种些株型高的植物，可以形成优美的起伏。

鹦鹉型郁金香的黑色花朵把淡色的花境聚拢起来，给人一种成熟稳重的感觉。

深色的银莲花成为焦点。独特的亮蓝色，给予梦幻风格的蓝色区域以存在感。

黄色

用红色吸引目光
把色调微妙地统一起来

花瓣顶端向外翻卷的百合花形郁金香，像直接挤到调色板的颜料一样鲜艳美丽。

花瓣中间有绿色条带的郁金香，花色中有红晕，可以作为调节红、黄两个色系的过渡。

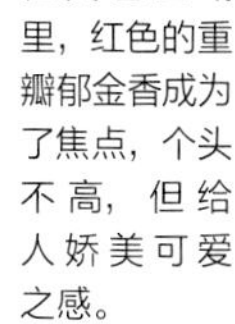
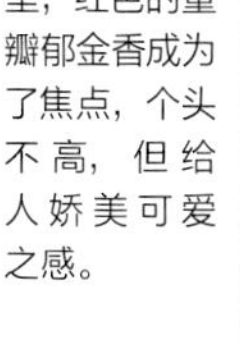
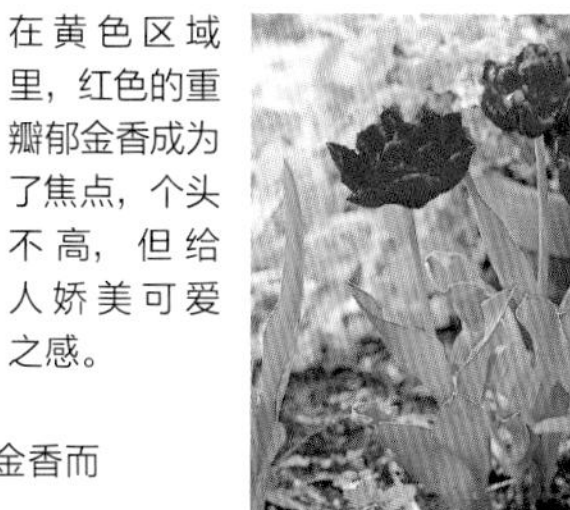

在黄色区域里，红色的重瓣郁金香成为了焦点，个头不高，但给人娇美可爱之感。

角落深处因混种了红色郁金香而显得色调更丰富。

迎接春天的新的魔法

一边思考来年春天的光景，一边种植球根，小田川老师挖开土层，看到雪滴花已经发出了新芽。当前的球根种植告一段落，已经可以聆听到慢慢靠近的春天的脚步声了。

绿色的茶袋配上绿色的茶壶。搭配是下午茶重要的一环。

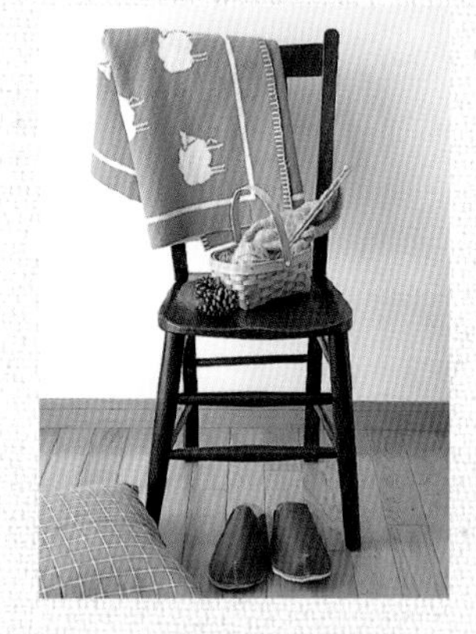

为最爱的家人泡一杯红茶，是温馨的一幕。

前面小田川老师为我们介绍了使用球根魔法打造美丽庭院的方法，但其实她也是位料理专家。

下面我们就请小田川老师与我们谈谈在花园里享受美食的方法。

2004年　春

2006年　春

之前和之后的庭院

编辑：之前我们拜访了小田川老师的庭院，那么现在，请您给我们介绍下红茶生活和庭院的关系吧。

小田川：可以呀，请多关照。

（一边倒出红茶到杯子里。）

编辑：谢谢！啊，味道真好。小田川老师很喜欢喝红茶吧。

小田川：是啊，因为工作的缘故经常喝茶。现在会根据环境和心情，挑选不同的茶叶品尝。今天泡的是我最喜欢的柑橘桃子茶。

编辑：茶袋和茶壶的颜色很搭，非常好看！

小田川：今天选用了水彩色系的日东红茶包，随意一放就很有画面感。我有时还会把茶包袋和好看的餐巾纸一起放到玻璃瓶里作装饰。

编辑：小田川老师好像特别喜欢球根植物，是有什么机缘吗？

小田川：在寒冷的冬天可以轻易过冬，到春天又会开花，这一循环让人心生怜爱。颜色上也有着夺目的亮彩，让人可以感受到植物拥有的强大生命力。

编辑：相比之前采访您的时候，庭院的配色好像发生了变化，听说是根据花朵的色调进行了分区。

小田川：是的，因为我很喜欢水粉色系的一年生草花，所以把这些颜色柔和的植物种在了一起，然后再插入一些色彩浓郁的花做撞色搭配。因为花的种类增加了，所以我就一边思考相邻的花的颜色、质感、高度和纹理，一边把庭院种植成了现在的效果。

编辑：明年的春季您希望做什么样的庭院效果呢？会不会种植一些新的球根呢？

小田川：我希望再给庭院增加一些起伏，这个冬季要铺几条小路。再种一些百合‘王子的允诺’，因为它们个头高，很有存在感，可以给庭院带来变化，我从现在开始就很期待它的效果了。我还用矾根、筋骨草‘彩虹’、玉簪等多年生草花进行了搭配。

编辑：您的花园越来越有感觉了！

水粉色系的茶包，即使随意摆放着也是优美的装饰。

为了让庭院效果更理想，小田川老师会经常翻阅国外的书籍杂志，遇到喜欢的页面还会反复阅读。

泡上一杯喜爱的红茶是享受幸福的时刻

把喜欢的花做成压花，和相片一起做成带有满满庭院回忆的一本小册子。

编辑：第二杯是柠檬茶吧。

小田川：对，这种柠檬茶不苦涩、味道清爽，让人从内心放松。刚才第一杯柑橘桃子茶有着丰富的风味，让人充满活力，在我思考料理菜单的时候就靠喝它来激发灵感。

编辑：柠檬茶是在更需要放松的时候喝?

小田川：对，我一边看自己庭院的照片或杂志，一边喝柠檬茶放松，慢慢地头脑中就会涌现出很多新的想法。能够度过这样的时光也是这个季节特有的。

编辑：真是如此呢，在花园盛花期有很多东西会被忽略，再从头看，可以发现在其他季节看漏的细节，还可以在杂志上发现很多很棒的植物。

小田川：对，然后就是抱着“谢谢你们，辛苦了”的心态把球根挖起来，再收拾进入休眠期的植物。带着对来年春天的希望，进入忙碌的造园季节。之后就可以奖励自己在屋子里慢慢享受红茶的美味啦!

为秋冬季节的乐趣加分
属于自己的特别时间

根据心情和环境选择不同的红茶，度过自己的轻奢时光。

你知道
这些春天开花的球根们吗？

Tulipa 郁金香

1.百合科 2.10—12月
3.球根的3倍 4.6月
5.干燥

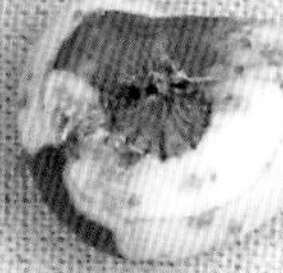

Galanthus 雪滴花

1.石蒜科 2.10—12月
3.5cm 4.5月 5.干燥

Muscari 葡萄风信子

1.百合科 2.10—11月
3.3~5cm 4.6月 5.干燥

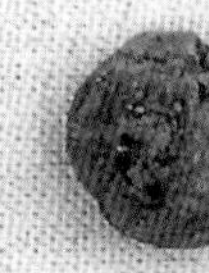

Gladiolus 唐菖蒲

1.鸢尾科 2.9—11月
3.5~7cm 4.6月 5.干燥

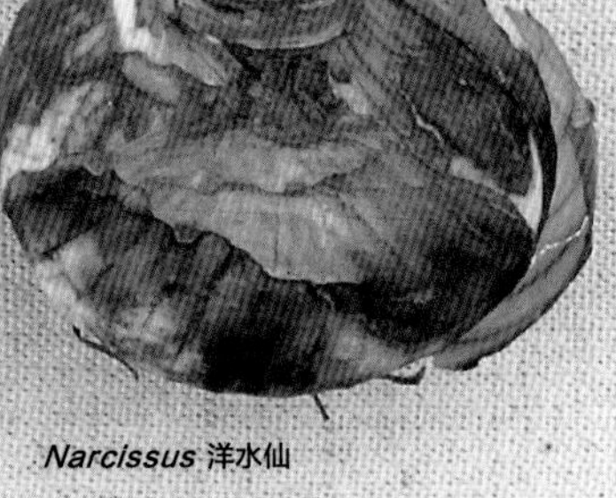

Anemone 银莲花

1.毛茛科 2.10—12月
3.2~3cm 4.6月 5.干燥

Iris 球根鸢尾

1.鸢尾科 2.9—11月
3.10~15cm 4.5—7月 5.干燥

Narcissus 洋水仙

1.石蒜科 2.9—12月
3.球根的3倍 4.6月 5.干燥

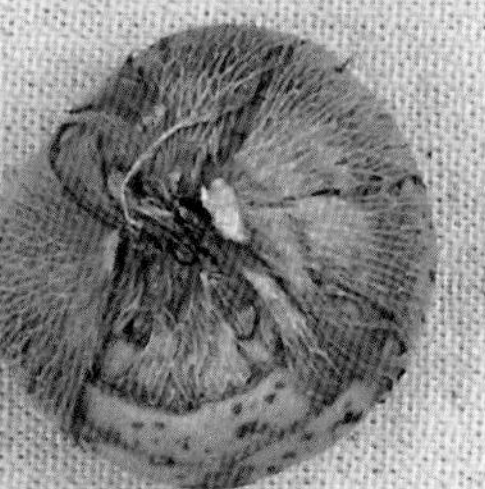

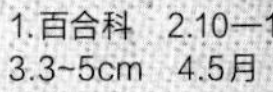

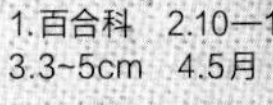

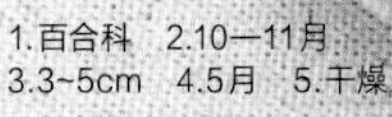

Puschkinia 海葱

1.百合科 2.10—11月
3.3~5cm 4.5月 5.干燥

Crocus 番红花

1.鸢尾科 2.9—12月
3.5~8cm 4.6月 5.干燥

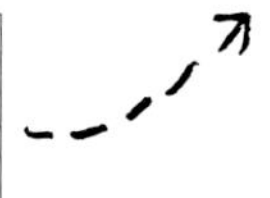

Lilium 百合

1.百合科 2.10月 3.球根的3倍
4.不起球或10月 5.湿润

Chionodoxa 雪光花

1.百合科[①] 2.9—11月 3.2~3cm
4.6月 5.干燥

注①：有其他分类方法。

Scilla 绵枣儿

1.百合科 2.9—11月
3.5~8cm 4.6月 5.干燥

表的说明

1.科名 2.种植时期 3.种植深度
4.起球时期 5.储藏方法
※照片中的球根都是实际大小。

Part 2

从基础到实践技术

了解更多球根的知识

栽种周期

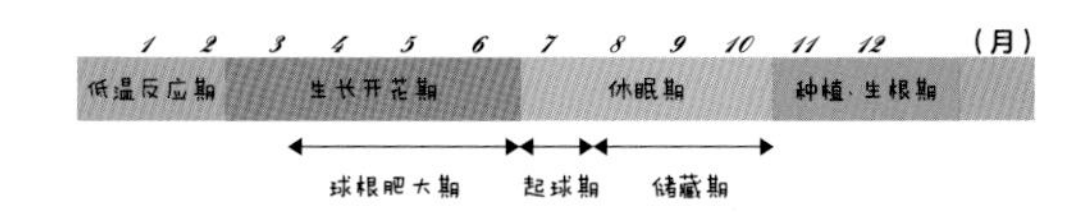

在店铺购买球根的时候应该尽量选择大而重的个体，上面的图片是球根的实际大小，可以作为购买时的参考。种植的最佳时间是10—11月，如果再提早种植可能会导致种球腐烂，最晚要在12月种到土中。

在这里我们介绍关于球根的基础知识和实际栽培管理的要点，希望大家能在种植中用到。

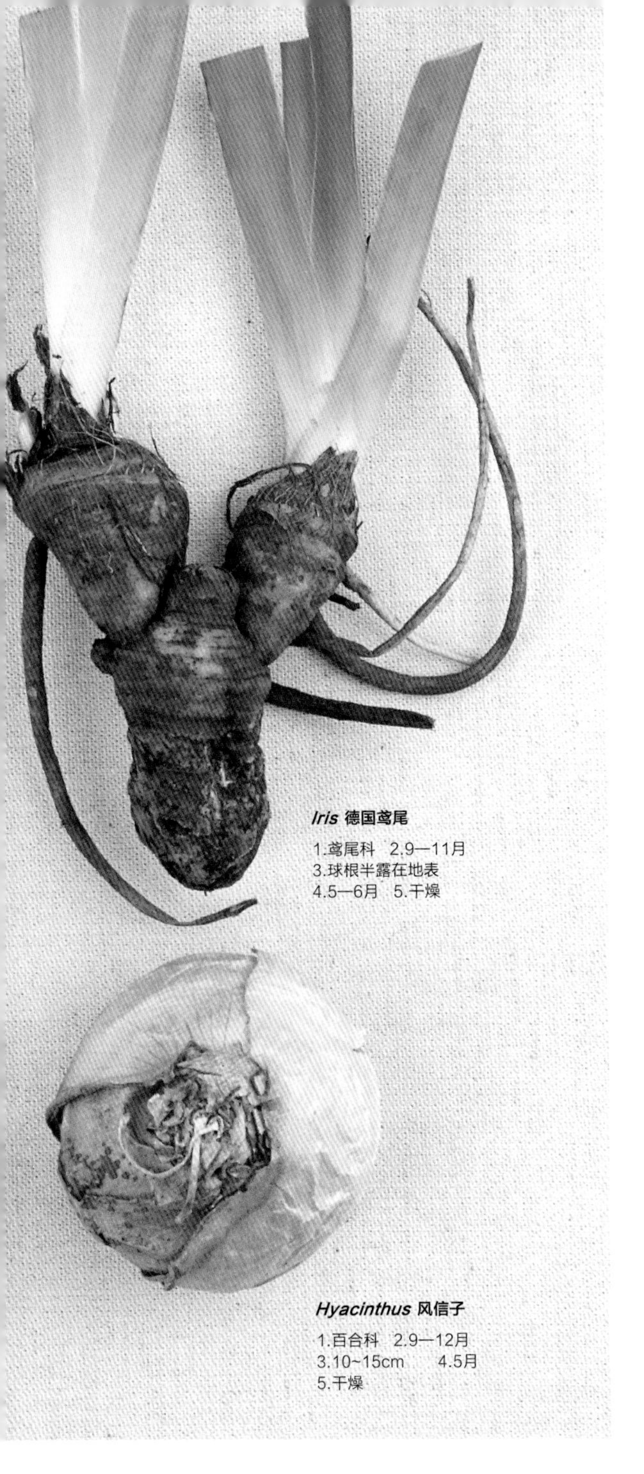

Iris 德国鸢尾

1.鸢尾科　2.9—11月
3.球根半露在地表
4.5—6月　5.干燥

Hyacinthus 风信子

1.百合科　2.9—12月
3.10~15cm　　4.5月
5.干燥

基础

种植

根据品种不同，种植的深度和间隔也不同

为了保护地下的球根不受霜冻的侵害，应使其充分扎根，间隔种植并根据品种选择合适的种植深度变得至关重要。需要特别注意的是百合和德国鸢尾。百合的球根上部也会生出地下茎，所以要深植。德国鸢尾的根茎上会长出次年的花茎，所以要稍微露出地面浅植。

* 种植深度的参考

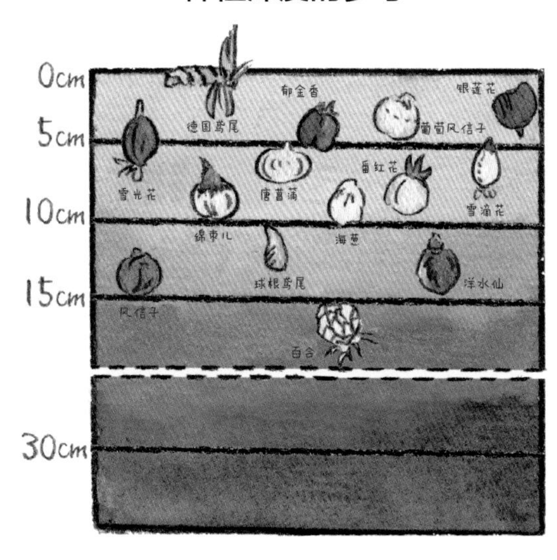

地栽

盆栽

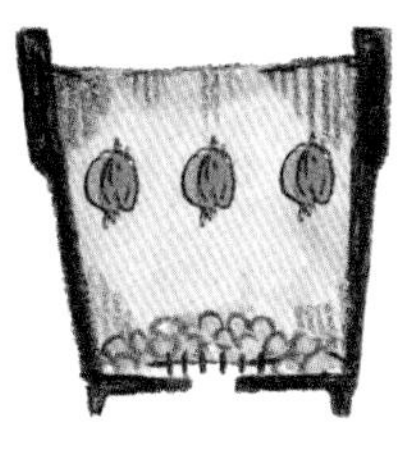

地栽的时候种植深度应该是从地表开始2个球深，间隔是3个球的空隙；盆栽的话，因为空间有限，1个球左右的间隔即可。

球根如果不能充分接受冬天的寒冷，那么到了春天就会出现生长问题，所以在下霜之前务必把它们种到土中。

地栽的话基本不用浇水。盆栽在种下之后不要立刻浇水，而是要经过2~3天再浇水，以后只要土壤表面干燥了就要浇水。

专栏1

吸水之后的种植

在种植前要让干燥的银莲花球根吸水，把尖头朝下，放在湿润的水苔或是蛭石上，4天左右球根就会膨大，可以看到芽的生成。

花后的管理

及早摘除残花可以保持植物健康的状态

开花过后，要尽早摘除残花并回剪。如果因为可惜而放置不管，花瓣就会出现霉菌和害虫，另外，结种也是消耗体力，导致球根老化的重要原因。

处理过花瓣后，地上部分的茎叶会自然变成黄色。这些茎叶在变黄之前都应该一直保留，因为在它们慢慢枯萎的过程中，能一直保持光合作用，把营养运送到地下的球根，促进球根肥大。

* 摘除残花，回剪

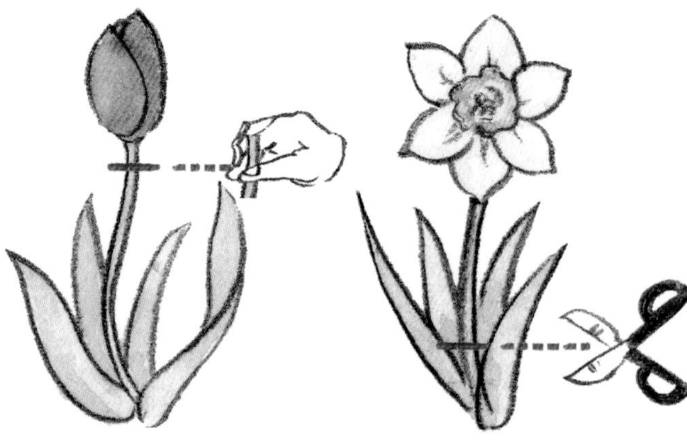

郁金香和百合很容易感染病毒，并通过剪刀传染，所以尽量在花朵下方用手掐断摘除。

其他的球根草花都要用消过毒的剪刀在根部以上进行回剪。留下部分叶子进行光合作用。

* 追肥

为了使球根膨大要予以追肥

球根自身储藏了营养，所以基本不需要施太多肥，而且要注意基肥给予太多会造成烧根，要一边观察植物的样子一边追施肥料。开花结束后球根植物开始通过光合作用储存养分，准备来年的开花，这段时间特别需要追施肥料。为了在夏季休眠前让球根膨大，可以使用速效性的液体肥料或是化肥。

球根的起球、保存

根据品种不同，有2种储藏方法

休眠期的一大工作就是使球根起球。有的品种是可以一直种植不用起球，有的则需要挖掘出来保存。一些可以放置不管的品种经过数年后生长状态变差，也需要挖出来重新种植。储藏方法可以分为干燥储藏和湿润储藏两种。

干燥储藏

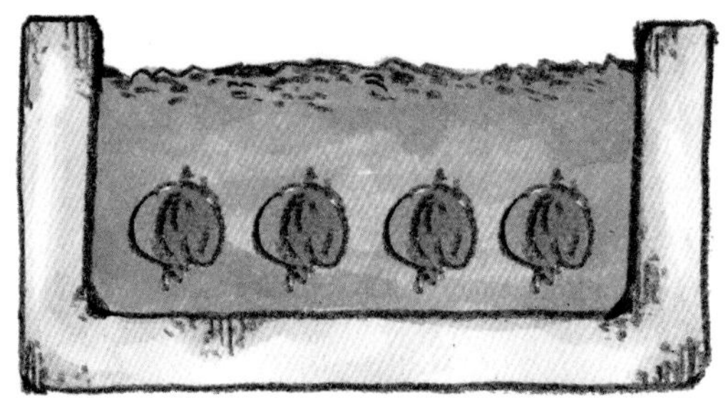

湿润储藏

* 储藏方法

干燥储藏	郁金香、风信子、番红花、葡萄风信子、雪光花、银莲花、球根鸢尾、唐菖蒲、雪滴花、绵枣儿、海葱
湿润储藏	百合

干燥储藏的球根在叶子大约还剩下1/3未枯萎时挖出，整株吊在屋檐下，等到完全枯萎后清除茎叶，放到网袋里，悬挂在通风好的地方储藏。湿润储藏则是将球根埋在干燥的蛭石粒中，再放到泡沫箱里储藏。

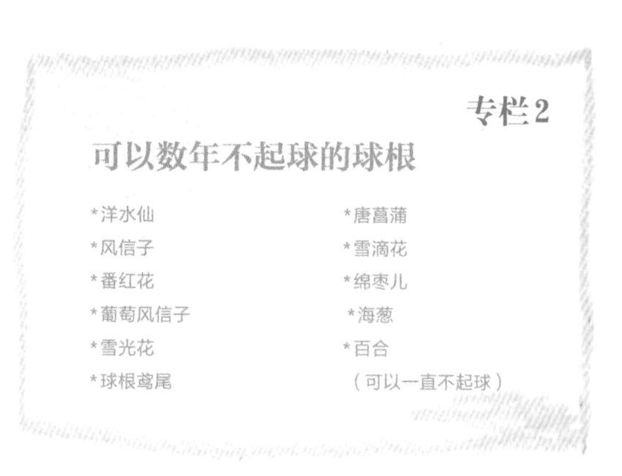

专栏2

可以数年不起球的球根

*洋水仙
*风信子
*番红花
*葡萄风信子
*雪光花
*球根鸢尾
*唐菖蒲
*雪滴花
*绵枣儿
*海葱
*百合
（可以一直不起球）

实践1

组合盆栽

呼唤春天的到来 郁金香 × 三色堇

在这里介绍郁金香和三色堇的组合。将三色堇这样从早春开始就可以欣赏的一年生草花搭配球根进行盆栽，使你在球根慢慢生长出来的过程中也有花可看。这是让人可以轻松享受乐趣的盆栽组合。

材料

颗粒土或轻石
以7：3比例混合的赤玉土和腐叶土，或是市面上的培养土
郁金香球根8个
三色堇苗3 株
深高盆7号1个

1

把颗粒土或轻石放在花盆底，在大约距盆边 1个球距离的位置放好球根，加土至球根顶端被完全掩盖。

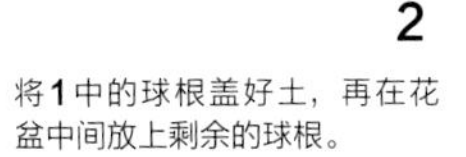

2

将1中的球根盖好土，再在花盆中间放上剩余的球根。

3

避开2中的球根，放入三色堇的完整根团，在缝隙间加入土，用手指压实。

4

乍一看像是只种有三色堇的盆栽。花期长的三色堇会越长越大。

5

到了3月，三色堇长成大植株，郁金香的花斑叶子则成为视线焦点。

6

郁金香开花。因为分两层种植，产生了高低差，故而给人富有变化的感觉。

在屋内就能感受到春天的奢侈安排

实践2

水培

除了风信子，葡萄风信子等小球根也可以在室内水培，水的高度大概是刚刚浸泡球根底盘的点状根芽。注意不要把整个球根泡到水里。容器可以使用市面上出售的水培容器，也可以用家用的餐具和花器，但是需要保证根系生长的高度，15cm左右的高度即可。也可以放入水苔或是水培玻璃珠固定根须。

为了不让水浸泡到球根，可在边缘四角加上铁丝固定。

专栏3

出芽球根是什么？

出芽球根是指在种植前就已经催芽促芽的球根，例如在小花盆里放上少许营养土促进其生根。有时春季庭院的栽培计划还没有做好，或是在球根种植的适宜时期庭院还被别的植物占据着，就可以用到这个方法。

春季开花球根的精选目录

这是由日本*Garden&Garden*杂志精选出的春季球根，不同的色系，不同的品种，用它们把你的花园打扮得美美的吧！（部分球根在中国没有出售，读者可以选择类似品种代替。）

全日照 …… 上午有4~5小时日照的场所

半阴 ……… 日照不强烈的场所。注意过湿的问题

落叶树下… 生长期可以照到较好的光线，夏季有阴凉的场所

花期 ……… 大概的开花时期

香气 ……… 有明显的芳香，让人愉悦

Tulipa

郁金香
科名 / 百合科
株高 / 25~60cm
4—5月

郁金香‘黑英雄’

深紫色的成熟色系可以产生让风景聚焦的效果，重瓣。株高30~40cm。

郁金香‘火焰春绿’

4月下旬至5月上旬
名花‘春绿’突然变异而产生的变种。白色的花瓣上有红色和绿色的条纹。株高40~50cm。

郁金香‘火焰鹦鹉’

4月下旬至5月上旬
花瓣有波纹，边缘深裂，富有特点。花瓣呈红、黄两色，是具有成熟风格的品种。株高45~50cm。

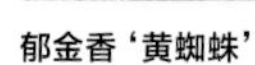

郁金香‘黄蜘蛛’

4月下旬至5月上旬
开花初期花朵是百合花形，但随着开放会变成有分量的重瓣花，十分罕见。株高40~50cm。

郁金香‘珍妮女士’

4月
花朵带有从乳白色到红色的条纹，花形华美。叶子细，边缘有粉色纹。株高25cm。

Hyacinthus

风信子
科名 / 百合科
株高 / 20~30cm
3—4月 香り

风信子‘伍德斯托克’

4月 香り
花朵呈美丽的葡萄酒红色，小型铃铛形花，花茎中等高度。株高25cm。

风信子‘中国粉’

3—4月 香り
柔和的淡粉色宣告了春天的到来，花朵大而密集，香气浓郁，推荐水培。株高20~30cm。

Puschkinia

海葱
科名 / 百合科
株高 / 10~20cm
3—4月

条纹海葱

3—4月
花朵带有淡淡的银蓝色条纹，非常可爱。种植在落叶树下，很有装饰效果。株高15cm。

葡萄风信子‘白花’

❀3—4月

一朵朵纯白的小花清纯秀美，花色动人，清爽的芳香更加强了它的魅力。植株高高矮矮，富于变化。株高15~30cm。

雪光花
科名 / 百合科
株高 / 5~15cm
❀3—4月

雪光花‘粉色巨人’

❀3—4月

好像糖果一样的樱花粉色小花大量开放，楚楚可爱，富有魅力。株高5~15cm。

西伯利亚绵枣儿

❀3—4月

清澈的蓝色花朵极富魅力，花虽小但是存在感很强。株高5~15cm。

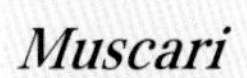

葡萄风信子
科名 / 百合科
株高 / 10~15cm
❀ 3—4月

葡萄风信子‘海洋魔法’

❀3—4月

渐变的蓝紫色极富魅力，群植的话，颜色会更加美丽。株高10~15cm。

葡萄风信子‘绿珍珠’

❀3—4月

珍贵的莱姆绿色花色，自然的姿态和任何植物都很配。株高10~15cm。

西班牙蓝钟花

❀3—4月

可以随便种植的强健品种，铃铛似的小花非常可爱，群植在落叶树下气氛十足。株高20~40cm。

Scilla

绵枣儿
科名 / 百合科
株高 / 5~40cm
❀ 3—4月

绵枣儿‘露西利亚’

❀3—4月

宣告春天到来的可爱小花，在落叶树下群植可以看到如星星般闪闪发亮的小花开放。株高10~20cm。

北非水仙

3—4月
小小的纯白色斗篷状花朵惹人怜爱。独特的清纯气质吸引了很多人。株高15~25cm。

Narcissus

洋水仙
科名 / 石蒜科
株高 / 10~40cm
3—4月

洋水仙'粉蝴蝶'

3—4月
副花冠好像蝴蝶展翅一样，广受欢迎的杏粉色杯形花即使只有一株也很华美。株高30~45cm。

Galanthus

雪滴花
科名 / 石蒜科
株高 / 5~15cm
2—3月

重瓣雪滴花

2—3月
重瓣花，花色略带绿色，叶子的长宽都富于变化，总是散发出淡淡的甜美芳香。株高15cm。

洋水仙'变色'

3—4月 
副花冠蝴蝶花形，从黄色变为乳白色，再变为桃红色，是非常具有色彩美的一品球根。株高40~45cm。

雪滴花

2—3月
宣告春季到来的可爱小花，好像小灯笼一般垂吊开放，非常可爱迷人。株高15cm。

洋水仙'罗里吉特'

3—4月
杏粉色的喇叭形副花冠和黄色的花瓣组成罕见的组合。株高30~45cm。

洋水仙'德科'

3—4月
副花冠的颜色接近红色，与白色花瓣形成对比，给人华美的印象。株高30~45cm。

百合‘王子的允诺’

6月
花朵比普通铁炮百合的稍大，优雅的姿态和通透的粉色异常美丽，也是充满东方含蓄美的一品球根。株高100~130cm。

Lilium

百合
科名 / 百合科
株高 / 20~150cm
6—7月

百合‘热情’

6—7月
仅从一个球根里可以长出9~14朵大花的丰满的东方百合，葡萄红色的花朵营造出热烈的氛围。株高80~150cm。

番红花‘匹克威克’

2—3月
淡紫色花瓣的内侧有深紫色条纹，观感可爱。株高10cm。

番红花‘法斯孔第’

2—3月
花瓣内侧是艳丽的黄色，外侧是李子紫色的条纹，个性十足。株高10cm。

Crocus

番红花
科名 / 鸢尾科
株高 / 10~15cm
2—3月

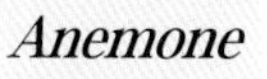

Anemone

银莲花
科名 / 毛茛科
株高 / 25~40cm
3—4月

林荫银莲花

3—4月
白色花瓣外侧带点粉红色，朴素可爱的外表具有持久的魅力。叶片深裂。株高15cm。

Iris

鸢尾
科名 / 鸢尾科
株高 / 5~90cm
2—4月、6—7月

球根鸢尾‘虎眼’

4月
姿态清秀挺拔，可以密植，紫色与茶色的颜色组合有着低沉的美感。株高50~60cm。

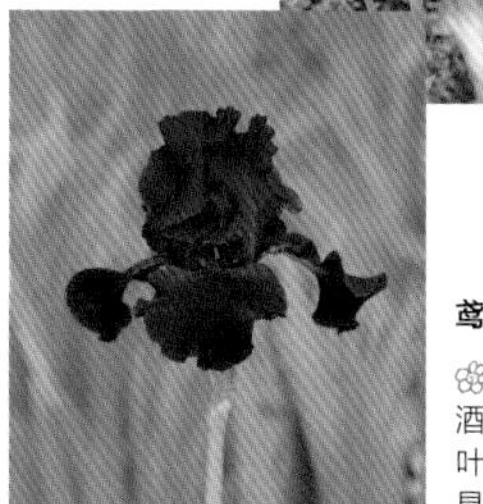

鸢尾‘古典波尔多’

6—7月
酒红色的花瓣富有魅力，银绿色的叶子更为之增光添彩。多花形品种，具有易开性。株高80~90cm。

希腊银莲花

3—4月
带有美妙光泽的白色花使周围环境如照明般光亮。花期长，能持续开放数个星期。株高15cm。

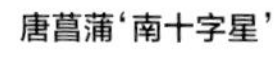

唐菖蒲‘南十字星’

4—5月
花瓣白色，带有十字形的紫红色花纹，颜色很有个性，宛若星星般抢眼。株高50cm。

唐菖蒲‘古董’

4—5月
可爱的粉色花大量开放，给人富有春日气息的优美感觉。也适合作切花。株高50cm。

Gladiolus

春花唐菖蒲
科名 / 鸢尾科
株高 / 35~80cm
4—5月

小小庭院传来季节的讯息

通过藤本月季浓与淡的搭配营造出张弛有度的空间。轻盈柔软的氛围引人入胜，更添一份女人味。（安迪威廉植物花园）

编者饱览各地花园与自然风景，在亲近植物的过程中将感触编辑成册。这次的题目为《庭院中酝酿出的色彩风情》。

庭院中酝酿出的色彩风情

井上园子

尽享成人独有的妙趣

我每天都打量着工作上取材拍摄的庭院、花朵的照片。虽说照片都很养眼，但当犹豫用哪张照片的时候，我会选择一张具有“色彩风情”的。

那么所谓具有“色彩风情”的画面是什么样的呢？仅仅通过构造物、庭院设计、植栽进行美化填充是不够的，重中之重在于是否具有“KONARE感”。（译者注：此处使用了原文中“**こなれ**”的罗马音，可理解为成熟洗练的感觉。）

所谓“KONARE感”，本来是指动作、手法娴熟，毫无违和感。而在时尚杂志中指的是“毫不造作，穿着打扮得宜的洗练状态”，从而让人感到从容不迫，洋溢出知性典雅的氛围。

与时尚一样，我们也应意识到“KONARE感”在造园中的重要性。无论在什么样的场景中，我们都应考虑怎样呈现出自然不造作的感觉。例如，装饰物和家具的放置须与植物相和谐。 此时选用柔软的攀爬性植物，便显得与物件之间更为亲近，给人一种景色从远处跃然至眼前的感觉。此外，也应在摆置方式上下点功夫。就像刚有人用过似的没有造作感，装饰物也被部分隐藏起来而不过于突兀。这样创造出的场景就富有了故事性。

不过不管是花也好杂物也好，都忌讳过多的堆砌。在怡人的满园翠色中，花和装饰物应作为点睛之笔配置。配花作为“华美”“艳丽”的存在应起到点缀性的效果。而装饰物也很考验人的品位，不要选择给人廉价感的物品。经过岁月的流逝充满了“KONARE感”的古董货，也是用来装饰的好东西。但要注意，如果把古物过多地堆砌上去，就会变成灰尘扑面的腌臜场面。古物若能与植物的明艳华美相协调的话便可相得益彰。人们对“色彩风情”的感知各异，但在时尚、建筑、造园和组合盆栽等所有需要设计的领域里，这一项都很重要。在天然中去其矫饰获得典雅华丽，感受知性之美——这便是所谓的“色彩风情”。甚至在花样滑冰的艺术中也有共通之处。

在种有屈曲花的容器中搭配苔藓，仿若从容器边缘溢出似的，一种优雅的氛围油然而生。

一言以蔽之，要想在庭院、组盆中体现“KONARE感”，与其着眼于“可爱感”不如把重心放在“色彩风情”上进行设计。层次拔高后，成人独有的妙趣就孕育而生了。

说点题外话，如果把本篇文章的要点应用在身边，“牵牛花的雅致婀娜”“蔷薇飘零之际的成熟韵味”“依依杨柳的倦怠妩媚”等感受便会浮现出来。每样都会让人联想起成熟女性的画面。将植物展现出的“色彩风情”进行分析后，就能窥探出自身所欠缺的“色彩风情”要素是什么了。

植物展现的色彩风情要点

植物富有天然的造型美并呈现出各种各样的艳丽感。在这里我向大家介绍几种体现色彩风情的要点。

色彩浓厚

深色的花色，给人一种神秘的气息（天竺葵等）。

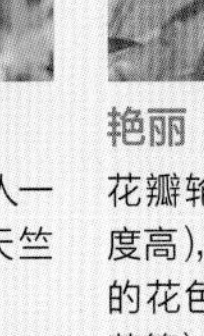

艳丽

花瓣轮数多（重瓣程度高），纯白或深粉色的花色华美动人（芍药等）。

恬静

丝绸般质感的典雅花瓣。散发出浓郁的芬芳（栀子等）。

微妙

微妙的灰色调，给人一种古典的印象（绣球等）。

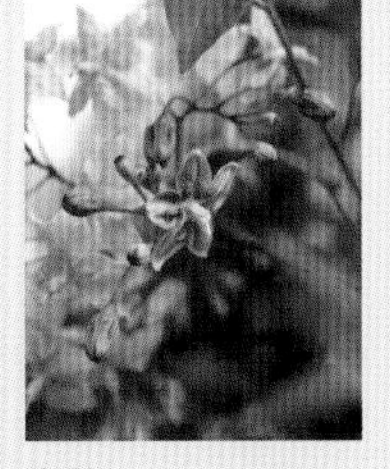

奔放

纤细的藤蔓柔软地缠绕、枝条下垂的样子很有吸引力（素馨叶白英等）。

鲜亮

成色良好的叶子能给人水灵灵的感觉。因为常绿所以冬天也有光彩（常春藤等）。

依依下垂的杨柳枝间，隐约可见池塘对岸静静伫立的凉亭。如画般构图精美。（安迪威廉植物花园）

"香草房子"的场景中满满的都是"KONARE 感"。左/园路两侧水灵灵地覆盖着碧绿的玉簪，让人感到恬静美好。右/入口台阶处的墙上爬满了薜荔。

井上园子

Garden&Garden 杂志编辑兼园艺顾问。负责植物搭配、组合盆栽等方案设计。一级造园施工管理技师。

"花神黑田园艺"的花卉混搭总能让人感受到"色彩风情"。左/装饰物的周围点缀常春藤的蔓条，更添一份优雅亮丽。右/深厚沉稳的花色展现出成熟的气质。

幸福就在花园里的

拥有弥漫着幸福感的餐桌的10个庭院

餐桌、椅子和其他花园好物

花园咖啡厅＆花园餐厅

作为充实庭院生活的必要道具，植物自不必说，花园杂货和家具也是不可或缺的。

为了追求舒适，大多数庭院中会放置餐桌来营造一个休憩的场所。

不管院子是窄小的还是宽敞的，都不是简单地“摆上餐桌就完事”，还要用喜爱的植物环绕四周，才能让人感觉舒适温馨。

与植物的相偎相伴，使花园餐桌更具魅力。

除了庭院中栽培的植物，桌上的食物和饮品、桌布、插花、容器等各种组合的变化会使人对庭院的印象截然不同，从而更好地体现出个人的特色。

最近几年，越来越多的人树立了自己独有的、很难简单概括的园艺风格。

在本期的特辑中，我们也将不拘篇章，向大家介绍各种以心爱的植物为精髓、充满个性的餐桌周边。

通过餐桌展示自我个性，人们也在追求着庭院与日常生活、花草与自身更紧密的接触。

身边餐桌椅

植物的魔法 令我的庭院绽放光彩

花园
就是
我的生活

拥有弥漫着幸福感的餐桌的10个庭院

左/在玄关旁边的陈列空间中，使用铁罐头和玻璃瓶进行时尚“演出”。

右/有着旧货风格的复古篱笆静静伫立在玫瑰脚下。

在尽情品味玫瑰的季节
欣赏从雪白到淡粉的花园

久保田明子　东京都

久保田小姐亲手创建了她梦想的“玫瑰花园”。每年5月，从种子开始培育的白色单瓣野蔷薇一起盛放，装点得庭院更加美丽。

在法语中意为“雪球”的‘Boule de Neige’也仿佛与野蔷薇争妍斗艳一般，露出了它圆滚滚的可爱身姿。手工制作的拱门上，紧挨着野蔷薇的是纤细的、淡粉色的‘五月皇后’（‘May Queen’），正符合既秀丽又可爱的“白玫瑰花园”形象。

庭院的风貌到了6月会焕然一新。浅红色的‘多萝西·伯金斯’（‘Dorothy Perkins’）和深红色的‘国王玫瑰’（‘King Rose’）竞相盛放，即使野蔷薇和‘五月皇后’已经谢完，它们与拱门也能交相辉映，将庭院渲染得十分华丽。

“5月和6月的时候，庭院的氛围与平时完全不同。”充分利用开花期与平时的差异，久保田小姐享受着庭院不断变换的风貌。而作为能够近距离欣赏风景的特等席的餐桌，则是玩耍的孩子们的最爱。

“因为在这里，即使打翻了零食也不会挨骂。”久保田家的这个室外起居室总是被热闹的笑声包围着。

在家中的墙壁外侧攀爬着的是久保田小姐最初种植的‘白色马克斯图’（‘white max graph’）。从庭院中眺望，被花儿包围的小窗也优雅如画。

仿佛被清爽的野蔷薇邀请一般来到庭院的入口。入口处放置着白色的长椅，是适合用来招待客人的陈设。

粉色的'多萝西·帕金斯'和紫色的洋地黄、风铃草一齐盛放的6月的庭院，与5月白蔷薇庭院的印象截然不同。

以散发着柔和芬芳的白色野蔷薇为主题的5月的庭院。

为避免植物显得单调，补种了洋地黄、风铃草、锦葵等植株较高的植物。花色统一为与玫瑰颜色相称的紫色系。

每一朵花儿都是如此惹人怜爱
梦想中的玫瑰花园已经绽放在眼前

从很难买到幼苗的一年生草本植物、香草类植物到野蔷薇，所有植物都是从种子开始栽培的，而非插条。在庭院的一角放置这些可爱的幼苗。

温馨餐桌的秘密

5月是白色渲染的庭院，6月则是粉色。从春天到初夏，餐桌周边仿佛随着季节的更迭一同改变着面貌。在这里，可以一边欣赏精心挑选的绝美玫瑰，一边用亲手制作的点心招待客人。

1 >>
成套的餐桌用品也以玫瑰为主题
绣有美丽的玫瑰模样的意大利产古典桌布上，放着带有玫瑰花纹的成套茶具。和一旁亲子一同油漆的白色椅子也非常相称。

2.3.4 >>
享受不断变换的庭院风貌
图2、图3是6月盛放的“国王玫瑰”。利用在盆栽中使用的钢丝支撑玫瑰枝条，使其形成拱形。图4是5月野蔷薇等花儿盛放的场景。接连盛放的玫瑰给餐桌周围带来了绚丽的色彩。

5.6 >>
因为玫瑰成团盛开，我们才能享受从枝头剪下的奢华
这个庭院的玫瑰，如野蔷薇、‘雪球’、‘多萝西·伯金斯’等，多数是成团盛开的多花性品种，因此才能毫不吝惜地从枝头剪下来装点桌上的色彩。

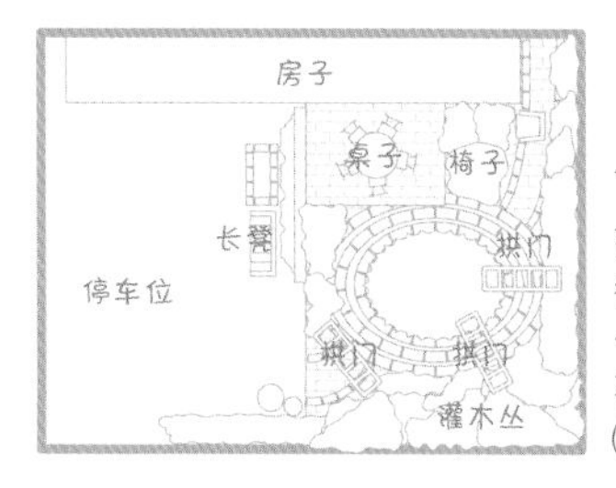

Garden Data

面积/约30㎡
每月预算/无特别规定
今后的园艺计划/将篱笆换新
喜欢的店/Chelsea Garden（东京都）

用古典家具和植物构建的露天『绿色房间』

中静三枝子 神奈川县

中庭是仿佛被流动的绿色包围的私人空间。用亚麻布和酒架等古董杂货来装饰餐桌。

中静小姐2年前购入了这栋建造了50年之久的独栋楼房。庭院的改建由BROCANTE(东京都，目黑区）和户主合作完成。

这里过去是纯和风的庭院，由面向道路一侧的前庭和面向起居室的中庭构成。前庭主要种植香草，它们也是邀请游人前往深处的中庭的通道。中庭与前庭和邻家的边界处是用针叶树来营造的“绿色的墙壁”，户主也是狠下了一番功夫以保证私人空间。地面大部分地方用砂浆铺成地砖的纹样，并巧妙地搭配带有法国古典风格的花园餐桌椅和藤条沙发。

餐桌周围是对称种植的棒棒糖形月桂和龙血树等观叶植物，并用古董杂货进行装点，营造出一方具有室内感的休闲空间。“为了营造庭院和室内的一体感，从起居室眺望出去的庭院景色也做了特别安排。”中静小姐介绍道。无论是举办家庭派对，还是跟小孩们一起玩耍，中庭都已经成为生活中不可或缺的一部分。

温馨餐桌的秘密

以针叶树的“绿色墙壁”作为背景，用古典风的家具、杂货和绿植搭配营造出室内风格。鲜花点缀在用旧了的亚麻桌布上，让你可以尽情享受假日的早午餐。

1 >>

以打造令人心情愉悦的“房间”为主题

经过日晒雨淋而更添质感的藤条沙发和龙血树，增强了此处的室内感。花园里放置的家具则是在BROCANTE购买的。

2.3.4 >>

设置一个设计性强的角落

作为标配的月桂和代替收纳架、边桌使用的野餐桌对称设置。桌侧也加入时尚的设计。

通道用砂浆铺设成砖块模样，由户主亲手打造。计划将种植在通道与中庭交界处的针叶树打造成拱门的模样。

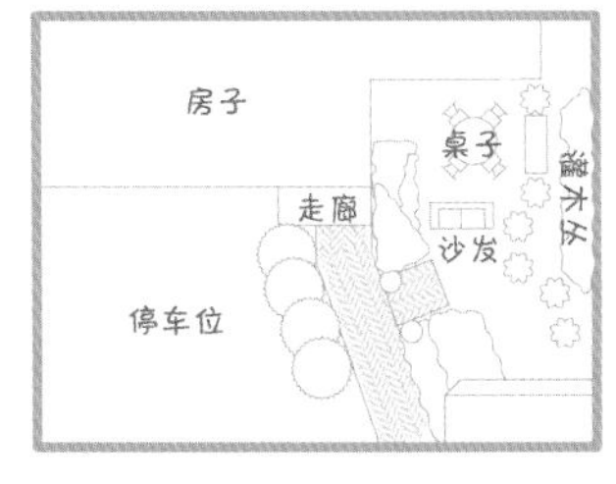

Garden Data

面积/约30㎡
每月预算/无特别规定
今后的园艺计划/引导藤蔓植物攀爬上墙壁
喜欢的店/BROCANTE(东京都)

放置在遮挡夕阳的金叶刺槐和白桦树荫下的餐桌。以玫瑰为首，庭院中的植物仿佛从四面八方簇拥过来一般伸出枝条。

绿油油的叶片包围着庭院，利用宿根植物衬托玫瑰的美丽

小竹幸子　东京都

桌布和餐巾统一使用橄榄花纹。桌上放置的是手工制作的野玫瑰果酒和花草茶。

小竹小姐通过采用在玫瑰栽培者中十分流行的“米糠农法”以及不逊色于专家的无农药栽培法，成功培育了80余种玫瑰。在玫瑰美丽盛放的时期，每到周末，喜欢养花的同伴们都会聚集到花园餐桌周围。“我以自己的花园为主题制作了一个网页。平时也会招待通过网页认识的朋友们。”通过亲手打造的空间来结识新的朋友，也是庭院带来的乐趣之一。

将这些玫瑰颜色限定在粉色、白色、杏黄色和紫色之中，引导它们攀爬到手工制作的格子篱笆、拱门、庭院里的树木或是墙面上，形成立体化的效果。坐在被花儿包围的餐桌边，能闻到空气中飘荡着的甜甜的花香。

衬托得玫瑰格外美丽的，是种植在它旁边的玉簪、圣诞玫瑰、矾根、五彩水芹（花叶水芹）等叶子葱郁的宿根植物。“没有地被植物的话，庭院就会显得很单调。”小竹小姐介绍道。金色、白色的花斑，浅绿色、黄铜色和银色的叶子，以及各种叶子形状给庭院带来了丰富的表情。

“夏天我们会在院子里烤肉。满眼观叶植物的院子非常凉爽舒适。”小竹小姐说。

就算玫瑰的花期结束了，庭院带来的愉悦仍将继续下去。

温馨餐桌的秘密

作为地被植物而种植的玉簪、圣诞玫瑰、景天等鲜嫩的观叶植物、宿根植物到处都是。作为衬托玫瑰美貌的人气配角，它们同时也是用绿色填满空间不可或缺的素材。

1 >>

用半爬藤性的健壮玫瑰作遮挡隔断

为了保证隐私，在面向道路一侧的角落，让健壮且繁盛的古典玫瑰‘科妮莉亚’（‘Corneria’）攀爬上主人手工制作的格子篱笆。

2 >>

同时欣赏长势旺盛的枝条

带黄金斑的棣棠仿佛要覆盖整个拱门一般生机勃勃，旺盛生长。充分活用自然的树形，一个能近距离观赏植物的特等席就此形成。

3 >>

餐桌下也有盆栽的空间

为了种植双足触及就能散发芳香的香草，餐桌下方设置了种植盆栽的空间。现在自播种子的圣诞玫瑰等植物却在这里扎下根来。

1

2

3

掺入特制的“米糠发酵肥料”的堆肥。在含众多微生物的山泥土壤中混入米糠，放在透气性良好的红陶盆中进行发酵。

连接着餐桌角落的小径。装点着小径两侧的玫瑰和宿根植物（如圣诞玫瑰、铁线莲等）仿佛邀请来客走向深处。

Garden Data

面积/约30㎡
每月预算/无特别规定
今后的园艺计划/利用最常见的植物，打造出简约时尚的感觉
喜欢的店/Mariposa（神奈川县）

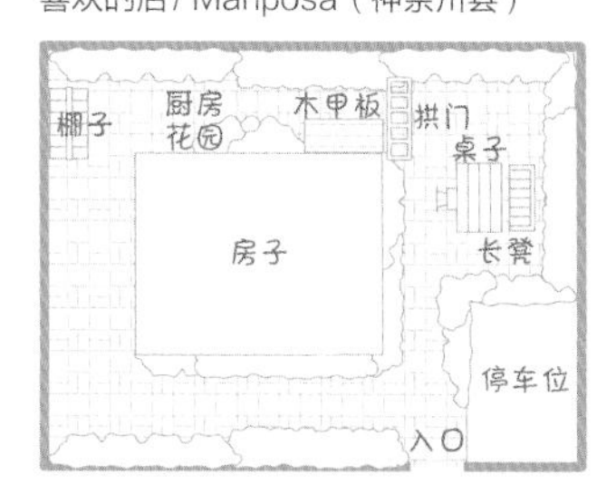

花园边的车库用格子篱笆加以遮掩。篱笆上攀爬的是具有清凉感的啤酒花，把绿植吊盆悬吊在中间，可以将顶部的爬山虎和平地种植的植物巧妙地衔接起来。

因为“想要营造一个被绿色包围的空间”，主人用圆木头搭建成藤架，引导斑叶洋常春藤爬上藤架，营造出一派充满山中小屋野趣的氛围。

清凉的上午与在阳光下的下午——按照不同的时间分开使用2张餐桌

远藤熏　北海道

远藤小姐的庭院围绕住宅而设计成“L”字形，是一片有132㎡大小的宽敞土地。其中，中庭和后院各放了一张餐桌，各自打造成一个角落，根据不同时间选择在不同的地方度过，享受焕然一新的氛围。斑叶地锦缠绕的小屋前放置了餐桌，是早餐后的休息专用席。让人感觉仿佛来到了图画绘本中一样，洋溢着绿色，富有山中小屋的风情，人也变得温和。“到了下午这里会有太阳直射，所以我喜欢在那之前坐在这里眺望庭院，会让人不知不觉忘记时间的流逝。”

到了下午就转移到后院中带有遮阳伞的餐桌边享受咖啡时间，到了晚上还可以从阳光房中眺望开了灯的庭院。休息日傍晚，朗月清风，在小屋前的餐桌边，用低温炭炉制作蒙古烤羊肉也别有一番风味。

装点着庭院的有古董杂货、树木、砖块等随着时间流逝而愈显风雅的物件。特别是在小屋的周围，放满了远藤小姐喜好的美国乡村杂货。“我总是被那些历经修理、精心使用着的小物件吸引，像是古董杂货、棉被、拼布之类的，它们代表美国式旧时光。”

小路两侧种植着耧斗菜、天蓝鼠尾草、老鹳草等各种宿根植物。从眼前到小路深处，按序栽种植株更高的品种，营造出庭院的深度感。

温馨餐桌的秘密

手工制作的天然圆木藤架上缠绕着斑叶地锦，啤酒花和绿植吊盆装点着格子篱笆。被绿色覆盖的小屋边的餐桌周围洋溢着如绘本一般的奇幻氛围。

1 >>

从餐桌边眺望的视野充满清凉感

从放在小屋边上的餐桌处，可以眺望不受阳光直射的玄关一侧。种上青苔、绣球花、山中野草，放上让水流循环的瓶子，共同演绎凉爽的画面。风雅的水流声更是可以让人忘却暑热。

2 >>

照明也要选择适合庭院品位的品种

安装在小屋上的照明灯是昭和三十年①前后的古董，非常适合小屋的氛围。除此之外，其他地方也安装了照明灯，以便享受夜晚的庭院风光。

3.4 >>

打造出具有立体感的空间风貌

在遮掩车库的格子篱笆和小屋顶上吊上绿植吊盆，可以增加立体感。“为了在狭小的空间里尽可能地增加绿植的数量，主人狠下了一番功夫。”

从小屋边的餐桌处眺望过去的景色是主人最喜欢的。“看到植株较高的宿根草随风缓缓摇摆，心情都会变得愉悦。”

注①：昭和为日本年号，昭和三十年为公历1955年。

长势旺盛的常春藤和爬蔓蔷薇缠绕的拱门处是满满的养眼绿色

到了下午就到后院中带遮阳伞的餐桌边休息。缠绕着爬蔓蔷薇的拱门不仅带来视觉的美感，同时也发挥着区隔空间、切换场景的作用。

Garden Data

面积/约123㎡
每月预算/3万~4万日元
今后的园艺计划/计划在与邻居家的交界处设置格子篱笆，并种植绣球藤，使其攀爬在篱笆上
喜欢的店/From Garden（北海道）

可爱的麻叶绣线菊从玄关的栅栏之间竞相冒出头，仿佛同行人打着招呼。日本金松、枫树等树木都是按照主人的喜好选择的。

在种不下树木的阳光房边，种上薯类的藤蔓，让攀爬的绿色充实整个空间。白色的装饰品与绿色交相辉映，显得十分可爱。

围绕餐桌放置的盆栽多达80个。这个角落原本就缺乏日照、湿气重，并不适合地栽植物。

巧妙地配置容器，把木甲板改造成鲜嫩欲滴的『绿色房间』

林则宏 · 真由美　神奈川县

林先生家是一座白色木制甲板与植物交相辉映的庭院。甲板上放着在狭小空间里难以想象数量的盆栽，作为背景布置的橄榄树和常绿白蜡也十分出色。而被微型月季、香草等纤细的绿植包围的餐桌，让我们更好地感受到了穿过甲板而来的凉风。

这些盆栽是林先生在3年前搬来公寓后收集购买的。由于盆栽和杂货买得越来越多，林先生找了经常购买盆栽的店铺Wonderdecor English Cottage商量庭院的改建。接到林先生“希望有充分的收纳空间”的委托，设计师松山创造出了这个集合着富有清洁感的收纳库、中庭和甲板的空间。

被木制的收纳库和篱笆包围着的庭院洋溢着自然的气息，一点儿都看不出是公寓自带的庭院。众多的盆栽因地制宜，或是收纳到甲板上、架子上，从而焕发出各自的光彩。在新种的加拿大棠棣边，种植了盆栽培育的圣诞玫瑰。通过选择栽培与环境相适应的植物，庭院的打理变得轻松，也令人愉快。而作为孩子们玩耍的场所和休息日的书房，美丽的甲板正在大显身手。

在椅子上落座，伸手可及的地方就放着盆栽。木制的格子篱笆则是为遮掩空调室外机而设置。

Garden Data

面积/ 约60㎡
每月预算/ 无特别规定
今后的园艺计划/ 把别栋2楼的凉台也改建成园艺空间
喜欢的店 / Wonderdecor English Cottage(神奈川县)

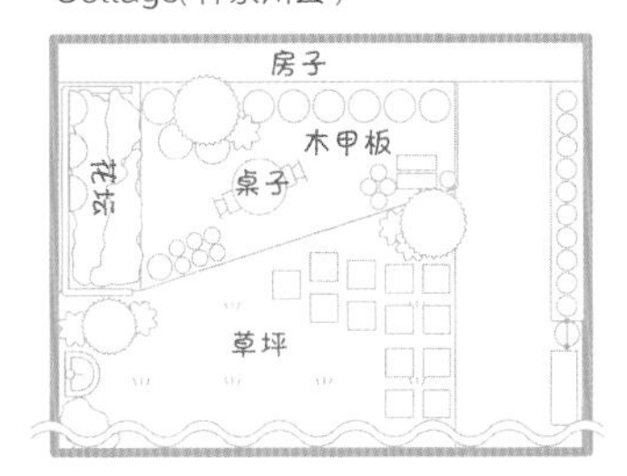

甲板上并排放着盆栽，创造出一条小路。盆栽排列成弧形，特意制造出高低差，看起来更加立体，营造了景深感。

可以享受陈列乐趣的收纳空间。为了配合手头的搪瓷杂货和公寓既有的篱笆颜色，底色统一刷成白色。

温馨餐桌的秘密

将大小不一的容器放置在地上，藤蔓则攀爬在藤架或墙上，显得生机勃勃，绿植仿佛将空间包围起来。这样的搭配给人们带来心灵的慰藉，也正是洋溢着绿色的甲板的决胜之处。

1 >>

藤架上缠绕的是木香花

甲板上还建了藤架。不仅是地上、墙面，头顶上也搭配种植了植物。到了花期，还可以闻到朝着餐厅低头盛放的木香花花香。

2 >>

使用盆栽台，有序整理小型的容器

即使有数量众多的小型花盆，统一成红陶盆后集中放置在盆栽台上也不会显得凌乱。为了不破坏整体的氛围，盆栽台是精心挑选的铁艺制品。

3 >>

墙面也是植物装饰的空间

在与邻居家共有的院墙上建了格子篱笆，与甲板和院墙的颜色相搭配，形成了没有压迫感的自然背景。还可以用作常春藤等垂吊植物的吊盆空间。

误入森林中的社交场？派对的背景音乐是虫鸟的低吟

圆山花笑梦 北海道

透过店门望向庭院，看到的仿佛是被绿色包围的另一个房间，让人不禁想涉足其中。

仿佛误入森林一般，被众多树木包围的是午餐咖啡厅“圆山花笑梦”的庭院。种植超过50年、富有风情的紫杉、枫树、辛夷和紫藤等营造了一方凉爽又沉静的空间，让人无法相信这里竟地处街头。地面平缓的起伏更加凸显了纯天然的感觉。

餐桌共有5张。尽管数量不少，但由于有众多的树木和藤蔓充当天然的帘幕，落座后也无须在意周围。负责打理庭院的是前主人中野初惠女士。自从3年前把店铺交给儿子以后，“比起以前，多少可以多点时间打理庭院了。”初惠女士说道。因为原本就是自家的住宅，父亲种下的树木原封不动地保留了下来，五六年前初惠女士开始一边补种山桃草、毛蓼等宿根草本，一边着手打理。现在光草花就有200~300种。“我没有太深入地思考过，就是在喜欢的地方种上喜欢的花而已。”初惠女士笑着说。不过，一年四季，无论何时从所有餐桌边都能眺望到花朵——只有这点考虑是必不可少的。

被年岁悠长、富有存在感的紫杉、枫树等树木包围着，时间的流逝也变得缓慢，让人心情愉悦，不由自主地想要深呼吸。

餐桌上放着吊篮、洒水壶等可爱的杂货，随处可见的细节设置，让客人得到了视觉享受。

为了全方位享受庭院的乐趣，周围遍布着充满玩趣的小道。脚下土地被绿色植物覆盖，进一步加深了森林一般的氛围。

温馨餐桌的秘密

拥有5张桌子的座席，在四周环绕起植物，形成一道自然的帘幕，营造出仿佛独立单间一般私密的空间。再通过餐桌的设计和杂货的陈列，使庭院呈现出完全不同的风貌。

1 >>

爬满常春藤的墙壁打造出一个绿色的小房间

用加纳利常春藤攀爬着的墙壁和格子篱笆充当区格，仿佛形成了一个小房间。脚边放置小型容器，打造一个绿色充盈的空间。

2 >>

用容器遮挡视线，使人无法一窥全貌

为了不让人一眼望尽全貌，特意在餐桌与餐桌之间放上容器加以遮掩。用秋海棠等植物的花来装点空间。

3 >>

为休憩提供树荫的树木是必需品

据说这里的树木树龄大多在50年以上，因为原本就种植在这里，所以树木都长得巨大，为人们享受休憩时光提供了绿荫。

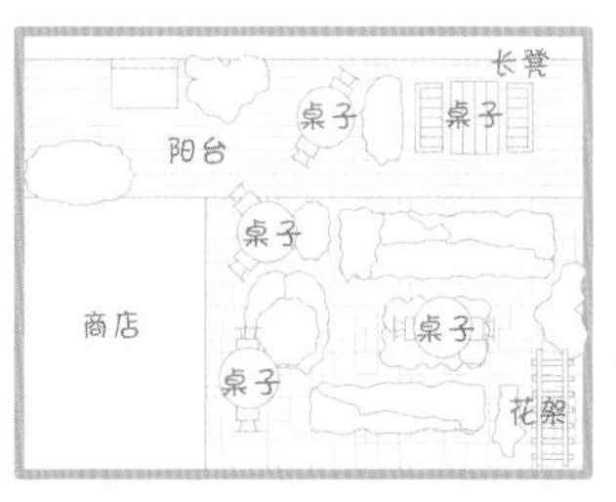

Garden Data

面积/约100㎡

每月预算/3万~4万日元

今后的园艺计划/适当疏伐几棵树木，使绿色与绿色之间可以窥见植株较高的花儿

喜欢的店/From GARDEN（北海道）

透过树缝洒下点点阳光，在餐桌边和家人、爱犬一起享受休憩时光

Y先生 千叶县

自从8年前建成家里的房子并开始养狗之后，Y先生就一直希望“营造一个能让狗狗玩耍的空间”，从而开始了庭院的建造。当时地面铺的是碎石，对狗狗来说难以活动，再加上Y先生对植物的爱好日益加深，就决定对庭院进行改造。Y先生把改造工程委托给了Berry（东京都 三鹰市）公司。这家公司是在杂志上看到的，其庭院植物栽培的氛围引发了他的共鸣。

正如Y先生想的那样，设计师仲村先生所擅长的正是栽培天然植物的、布满各色树木的庭院。即便狭小庭院的大部分地方堆满了资材，却仍给人柔和的感觉，这主要是因为沿着篱笆摆放的花坛中，种植的是绣球和矾根等清秀的山地草本，它们如同在野外一般郁郁葱葱。餐桌上方的四照花枝繁叶茂，能给人以绿荫，又不会遮挡到眺望的视野。

庭院的小巧玲珑使树木的枝条像遮阳伞一样，我们也可以近距离接触植物。一边感受树叶间漏下的阳光一边休憩，或是享受眺望到的庭院风景，或是和爱犬一起嬉戏——一张小小的餐桌，为在庭院消磨时光提供了更多不同的选择。

1

2

3

4

温馨餐桌的秘密

为了爱犬而整理得清爽的空间里，充满野趣的鲜嫩植物显得特别醒目。
覆盖着整个庭院的四照花的枝条，作为天然的遮阳物，带来满目清凉。

1 >>
用常绿的混栽植物隐藏四照花的植株根部
在四照花植株的根部放置混栽了迷迭香和蔓长春花等植物的大型盆栽。不仅是头顶，在视线可及之处都是绿色，为此主人下了一番功夫。

2.3 >>
山地草本自然的姿态正是营造氛围的决胜之处
三叶绣线菊和粗齿绣球等楚楚动人的植物，为庭院营造了温柔的氛围。即便过了花期也可以不重新补种，继续欣赏它们自然枯萎的姿态。

4 >>
把标志性树木当作遮阳伞使用
玩累了之后在树荫里休息的爱犬Bobby。混凝土和平石板造型的简洁空间映衬出四照花奔放的枝叶，成为让主人与爱犬都舒心的地点。

据说自从把难以行走的砂石换成平石板之后，爱犬Bobby也开始频繁到院子里玩耍了。

润泽而渐变的叶色和房屋的黑色墙壁对比，显得十分美丽。Y先生亲手把原本的褐色餐桌漆成现在的白色。

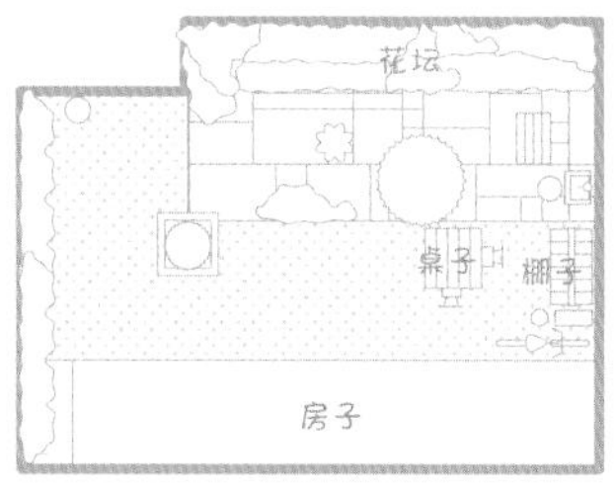

Garden Data

面积/ 约7㎡
每月预算/ 无特别规定
今后的园艺计划/ 给椅子和花盆上漆，享受使用小东西的乐趣
喜欢的店/ BROCANTE（东京都）
荻原植物园（长野县）
Joyful本田（千叶县）

水龙头下方的蓄水盆兼作爱犬的饮水处。在小小的白铁皮水盆周围撒上玻璃弹珠，欣赏水面和弹珠一同反射的日光。

左图/以书为主题的白色装饰物，让树荫处也显得明亮。

右图/树下的草花选择的是在树荫下也能茁壮成长的宿根白花黄水枝。

用来遮掩雨水管的花格上攀爬的是玫瑰'芭蕾舞女'（'Ballerina'）。下方则种植强健的黄玫瑰'泡芙美人'（'Buff Beauty'）来装饰墙面。

玫瑰装点的凉亭是充满香甜气息的绝佳隐匿之处

大平佳子 茨城县

拥有16年玫瑰种植经验的大平女士，是一位能够把低价购入的切花玫瑰用扦插的方式进行育苗，并成功培育出大苗的玫瑰达人。夫妇二人从用鹤嘴镐翻松坚硬的土壤开始，亲手建造了这座庭院。大约从10年前开始，二人全心全力种植玫瑰，包括在网络采购幼苗等，现在庭院里已经有100种以上的玫瑰在绽放异彩了。

为了遮掩雨水管道而设置了格子花架，引导玫瑰攀爬上阳台，混杂着进行盆栽种植或地栽种植，使整个庭院充满了玫瑰的气息。其中尤其引人注目的，则是凉亭。覆盖着顶篷的是二人最喜欢的月季'龙沙宝石'（'Pierre de Ronsard'），同时还有拥有甜美香气的英国玫瑰'遗产'（'Heritage'）、古典玫瑰'科妮莉亚'和粉、蓝两色的铁线莲，下方则放置了餐桌。整个凉亭看起来仿佛是一个被玫瑰包围的小房间。

"我上班前习惯在这儿坐一坐。早上的玫瑰看起来最漂亮，香味极佳。这里是为我一个人存在的秘密花园。"仿佛在自己的房间一样舒心，又可以用来招待重要客人的玫瑰凉亭，总是让人急切期盼着开花季节的到来。

温馨餐桌的秘密

为了在庭院劳作的间隙稍事休息时可以有一个喝茶的地方，主人建造了一个如同单间一般的玫瑰凉亭。被心爱的玫瑰包围，主人充分享受着幸福的时刻。

1 >>

从下方仰望着涩低头的玫瑰

让玫瑰攀爬到凉亭的顶篷，并在下方设置餐桌，让人可以细细眺望盛开时容易下垂的玫瑰的风采。在这儿，玫瑰愈发让人怜爱。

2 >>

通往凉亭的拱门上也用玫瑰装点

在通往凉亭的小径入口，用玫瑰装点的拱门让人愈发期待，两侧则攀爬着杏黄色的'皇家日落'（'Royal Sunset'）和粉色的'路易斯·欧迪'（'Louise Odier'）。

3 >> （图片见下页）

在繁忙的早晨也可以拥有自己的时间

大平女士在早上上班之前的片刻时间也习惯享用一杯茶。"这种习惯可以让我感觉到'好，我要出发了'，从而产生积极面对工作的态度。"被玫瑰鼓舞着，启动从"off"到"on"的工作开关。

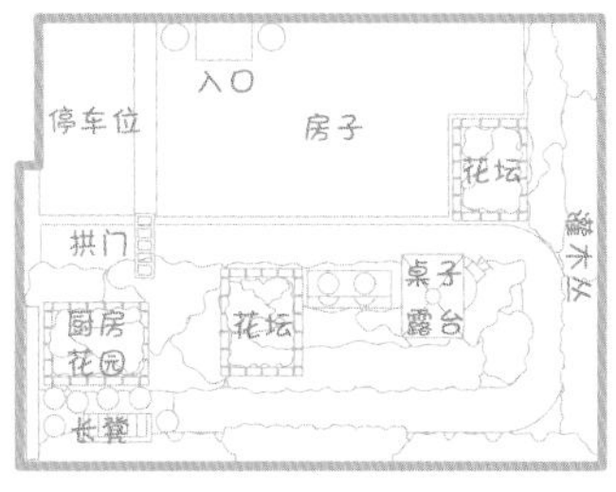

Garden Data

面积/约90㎡
每月预算/无特别规定
今后的园艺计划/限定玫瑰的种类，集中种植少数优秀品种
喜欢的店/SAIEN（埼玉县）
玫瑰之家（埼玉县）

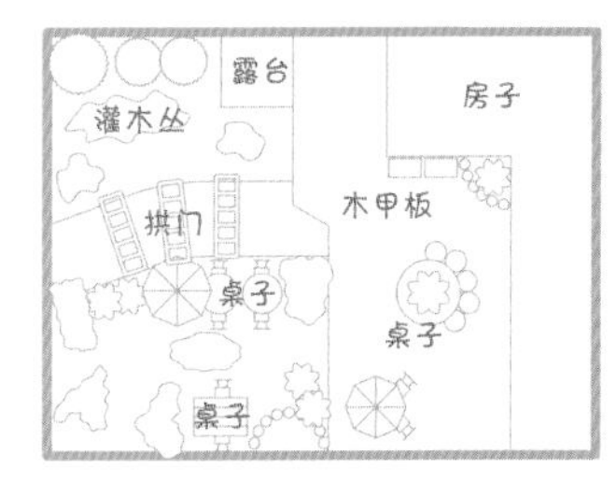

Garden Data

面积/约198㎡
每月预算/2万~3万日元
今后的园艺计划/把当作围墙的圆柏拔掉，改装成乡村风格的墙壁
喜欢的店/苔丸（神奈川县）

在仿佛自然森林般的树荫下悠闲地享受饮茶时光

江本真纪子 神奈川县

据江本女士说，设计整个庭院的氛围和摆设就如同画一张蜡笔画。充分活用庭院周围原生的落叶树，正是设计庭院的主题。冬天有良好的光照，夏天则可以在树荫缝隙间落下的阳光里悠闲地享受时光流逝。由于自家在镰仓山樱花道路边上，每年到了樱花的花期，就可以招待朋友静静地喝茶赏樱，以此为契机，江本女士从5年前开始经营咖啡店Anna French。

庭院中种植的树木，为了尽可能贴近自然，在修剪每一根枝条的时候都经过深思熟虑。同时为了不显刻意，慎重考虑整体的平衡与美观，放置在各处的餐桌和花园杂货，都经过精心考虑，使其自然地与风景融为一体，让人感受到江本女士优雅的审美。前来拜访的人们仿佛置身于英国的乡间花园一般，从繁忙的日常中得到解放。

庭院整体的氛围让人联想到英国的乡间花园。透过丹桂、枫树等树木看到的凉亭，更凸显了贵族气质。

委托设计师中静刚太先生设计的，特意打造成坍塌外形的壁泉。巨大的扇贝边种植着波斯菊，给人以柔和的印象。

温馨餐桌的秘密

江本女士的庭院极具戏剧氛围，仿佛受邀参加在小森林中召开的派对一般。在树木枝叶间漏下的阳光中、凉亭中或是遮阳伞下放置餐桌，打造出一个个休闲的空间。

1>>
利用茂盛的树木和遮阳伞打造荫蔽环境
将自家附近野生的无名小花种植在庭院里，使餐桌看起来仿佛放置在原野上一般。花园杂货全部以白色为基调，做了清爽的归整。

2>>
树荫映衬下色泽明亮的餐桌
为了放置丈夫送的生日礼物小人像，江本女士亲手打造了这个空间。在素馨花和枫树下搭配种植了茗荷等山地草本。

3>>
在古旧的凉亭中放置餐桌
在被树木凉爽的新绿笼罩着的凉亭餐桌边，尽情欣赏在古旧砖块铺就的小路上点缀着的藤蔓玫瑰。这里是偷偷享受悠闲时光的绝佳去处。

借景打造富有森林气息的绿色小阳台

藤原由利惠　神奈川县

藤原小姐把2楼的阳台当作私人花园使用。除了半室内感的主空间外，西侧狭长的阳台上也放置了一张小小的餐桌。种在庭院中的楝树枝条长得足有2层楼高，坐在这里可以不用在意别人的目光而尽情放松，并且可以享受满满绿荫。藤原小姐还把庭院中种植的葡萄牵引到阳台的藤架上，使西晒的日光透过绿荫变得柔和。借景于空地的绿色和庭院中树木的枝条，这里仿佛成了天然的凉棚，鲜嫩欲滴的绿色包围了整个餐桌。

餐桌边的容器中种植了月桂树、日本白蜡木等树木，以及迷迭香、牛至等香草。并排放置的以观叶植物为中心的盆栽，非常符合喜欢从插条开始培育黄金葛和香草的藤原小姐的风格。

“单纯改变一下盆栽的配置，就会让整个阳台的氛围都发生变化。”藤原小姐介绍道。利用拥有明亮叶色的植物打造纯绿色空间，这份清爽，正是庭院舒适宜人的秘诀。

两层高的楝树和葡萄的枝叶覆盖着餐桌座席上的顶篷，枝叶间柔和的日光点点闪烁，脚下盆栽熠熠生辉。

1 >>

遮挡西晒的手工葡萄架

由经营油漆业的户主亲手建造的涂有防腐剂的木制藤架。到了初秋，无须打理，特拉华葡萄小巧而甜美的果实就会结满枝头。

2 >>

阳台栅栏也用来悬挂吊盆

阳台栅栏是没有压迫感又很实用的格子篱笆，在栅栏上挂上天门冬等绿植吊盆。横冲直撞一般下垂的奔放造型，让这株存活了10年的楝树依然充满魅力。

3 >>

庭院中树木枝叶间的阳光治愈人心

“从朋友那里拿到的树苗，在10年间不断茁壮生长。”有着明亮而柔和叶色的楝树如今已经成长为一棵大树，带来令人心旷神怡的绿荫。

阳台上是满满的清爽绿色——顶篷上攀爬的葡萄、紧挨着阳台的楝树、挂在阳台栅栏上的绿植吊盆等。

盆栽种植的主要是香草和树木。“比起花儿，绿叶在夏天显得更凉爽，而且在雨天更加漂亮哦。”藤原小姐说道。

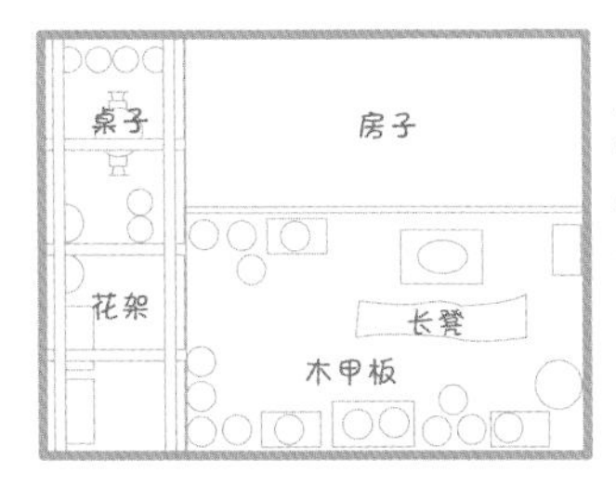

Garden Data

面积 / 约16㎡

每月预算 / 约1000日元

今后的园艺计划 / 给墙壁重新上漆，改造成南国热带风

喜欢的店 / Green Farm（神奈川县）

餐桌、椅子和其他花园好物

从大空间到阳台，每个家庭的花园类型都有所不同。
为了更好地享受花园时光，本章将介绍多种方便又时髦的餐桌相关好物。

Table，Chair & Useful Goods

餐桌、椅子

适合宽敞舒适的大花园

使用富有存在感的餐桌及椅子是大花园的特权。
试着放置人数众多时也可以使用的桌椅套件或长椅，度过悠闲的花园时光吧。

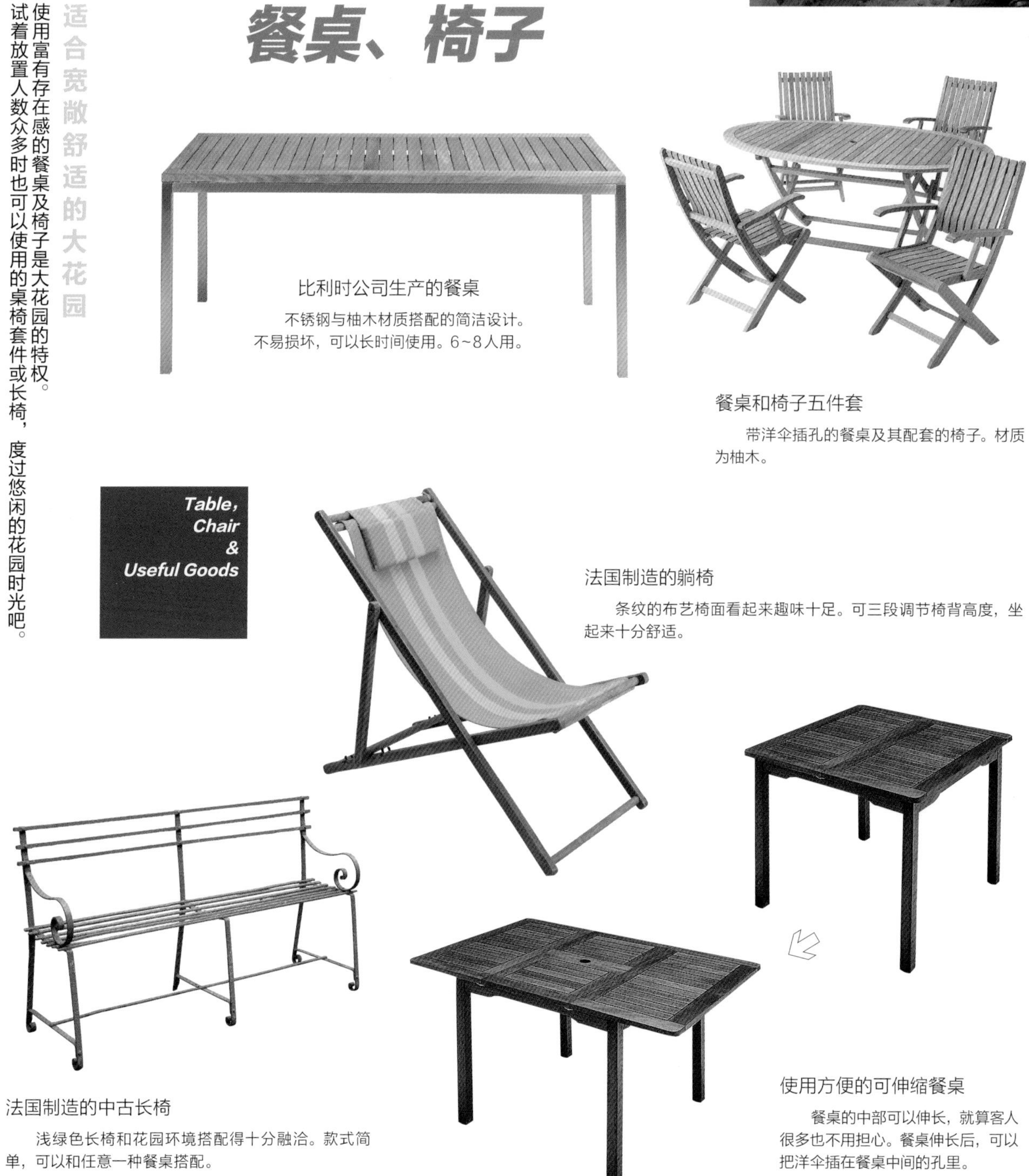

比利时公司生产的餐桌

不锈钢与柚木材质搭配的简洁设计。不易损坏，可以长时间使用。6~8人用。

餐桌和椅子五件套

带洋伞插孔的餐桌及其配套的椅子。材质为柚木。

法国制造的躺椅

条纹的布艺椅面看起来趣味十足。可三段调节椅背高度，坐起来十分舒适。

法国制造的中古长椅

浅绿色长椅和花园环境搭配得十分融洽。款式简单，可以和任意一种餐桌搭配。

使用方便的可伸缩餐桌

餐桌的中部可以伸长，就算客人很多也不用担心。餐桌伸长后，可以把洋伞插在餐桌中间的孔里。

就算只是狭窄的空间或角落也OK

正因为是小花园，只要添加少量家具就能很好地装饰空间。可折叠的桌椅、可收纳在小空间内的物品或者是设计简单的物品都很值得拥有。

柚木餐桌＆凳子三件套

充分体现柚木的质感，餐桌下能收纳配套的2张凳子。

可折叠的桌子和椅子

使用山毛榉木，设计简洁、轻巧，便于搬运。

设计简单的咖啡桌

使用了不涂漆也能在室外使用的黄柚木材质。桌面是正方形的，适合小空间使用。

Fermob公司制作的扶手椅

由帕斯卡尔·姆尔格（Pascal Mourgue）设计。简洁的设计让人仿佛能看到风的流动。

把阳台或露台当作房间的延伸

摆放有情调的家具让阳台和露台呈现出室内般的氛围。也可以利用有风格的物品，打造出个性十足的空间。

英国制造的中古餐桌

清爽的蓝色餐桌给颜色单一的阳台增加一抹明亮的颜色。

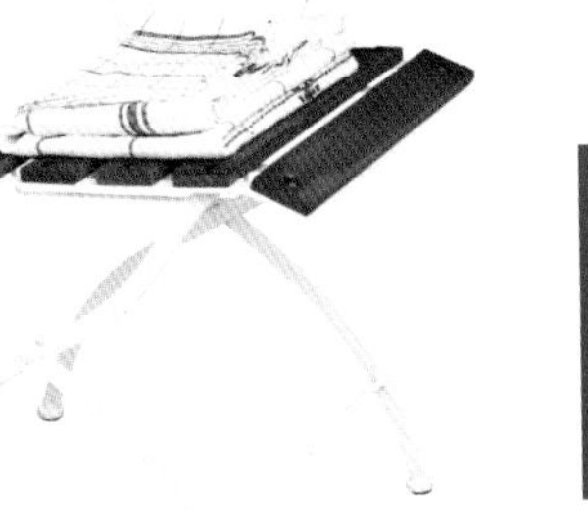

爱上花园折叠椅

一把线条简洁、做工扎实又不占空间的椅子，是阳台花园的首选。白色铁艺和褐色木质搭配，自然的颜色自然是百搭的，放上一盆花在角落也是亮点。

英国制造的流线型圆桌

桌板设计成盖上桌布后的造型。中古风格是点睛之笔。

中古纸绳编织椅

淡粉色的编织椅看起来十分赏心悦目，一张椅子就能让空间瞬间变得时髦起来。

其他花园好物

可以放在餐桌周围的物件

适合不同大小的空间或者搭配已有的餐椅，使花园更加美丽的物件。
大到凉亭、遮阳伞，小到色彩鲜艳的桌布和烛台等，应有尽有。

适合大花园

Table, Chair & Useful Goods

优雅的铁艺尖顶凉亭

凉亭曲线的设计给人柔和的印象。缠绕上爬藤植物或者与餐桌搭配，创造出令人安心的小空间。

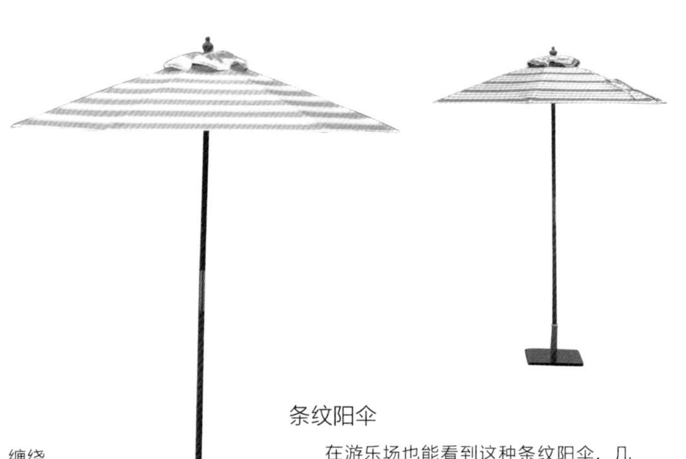

条纹阳伞

在游乐场也能看到这种条纹阳伞，几乎不会褪色，耐用性强是它的一大特征。总共有69个颜色可以挑选。底座需要另外购买。

适合小花园

英国制造的中古凳子

用细铁线编制而成的精致的凳子。怀旧的感觉让空间更有氛围。凳子不大，也可以用来放置花盆。

颜色朴素的梯椅

这把带梯子的椅子不仅能坐人，还能放置花盆等作为装饰。可折叠的设计也是一大魅力。

英国制造的铁艺架子

纵深较浅的设计让这个架子能在狭窄的空间使用。中古时代特有的旧物感让它充满魅力。可以收纳两三个花盆。

适合阳台·露台

外撑式的雨棚

蓝色的条纹样式让人感觉清凉舒爽。能够遮挡97%紫外线。最高可以安装在二楼。

乳白色的铁艺架子

怀旧风格的古典造型。可以放置在空间狭小的阳台或露台，收纳小东西和工具。

东南亚风格的遮阳棚

这个边缘带有支撑杆的遮阳棚可以抵御大风。使用了可水洗的布料，随时可以清洗。

适合多种花园风格的小物

爱上花园白色仿搪瓷杯

多集几款摆放在一个角落，农场风十足。

英国制造的蜡烛台

鲜艳的黄色和圆形的设计是这个中古蜡烛台的特色，可以用于为餐桌营造气氛。

Garden Joy 爱上花园

PLANTS DREAM

PLANTS DREAM 荷叶边亚麻桌巾

纯亚麻手工抽褶的桌布，有米白色和亚麻色两种非常百搭的颜色选择。可用于室内餐桌和户外餐桌，亦可当作野餐时的大餐布使用。

蓝色和粉红色的牛奶咖啡杯

法国阿尔萨斯地区制作的原创牛奶咖啡杯。怀旧风格是它的特点。

PLANTS DREAM 亚麻荷叶边靠枕

柔软舒适的亚麻靠枕，通用的方形，长形腰靠可作枕头使用，有雨露麻色和米白色两种款式选择。素雅的颜色适合各种色彩风格的搭配。

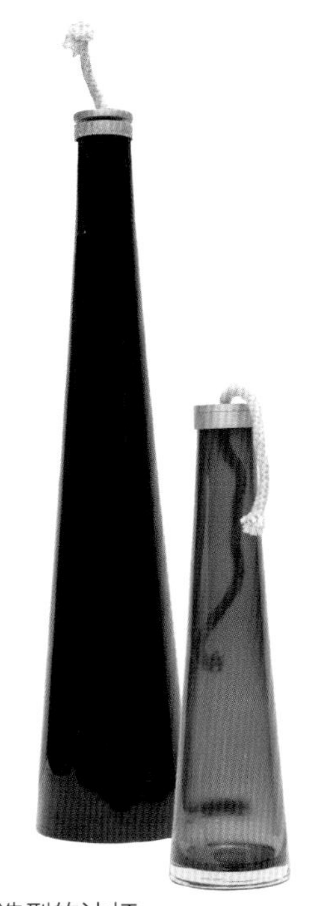

纤细造型的油灯

时尚的造型让这款油灯可以完美搭配其他小物，是夜间花园的一大亮点。

PLANTS DREAM 雨露麻植物印花餐巾

岁月痕迹的雨露麻加上纯手工的植物印花，质朴的颜色和亚麻良好的抑菌透气性，使它拥有更广的用途。无论是包裹面包、餐会垫盘，还是擦拭餐具都非常合适。

PLANTS DREAM 松果餐垫

秋天特有的坚硬的松果和柔软的蘑菇，经手工印花，呈现在双层复合的纯亚麻餐垫上。简洁又可爱的餐垫，是圣诞节的必备。

在红砖打造的小花园内设置露台座椅。自然的种植风格也得到好评。

仿佛身临法国田园般的魅力天井

在绿意盎然的空间内度过奢侈一刻。
本章精心挑选了对于花园爱好者来说
有着无法抵挡的魅力的数间咖啡厅。
花园的类型多种多样，
有露台花园、野趣十足的自然花园、
点缀城市的城镇花园、木甲板花园和菜园等。
请尽情欣赏这些让人忍不住想模仿的花园布置。

让人忍不住想模仿的

美丽的餐桌布置及周边环境 Garden Cafe & Restaurant

花园咖啡厅＆花园餐厅

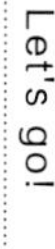

Terrace

露台

Garden Cafe & Restaurant

01

三重县

萨尔德·赛克斯咖啡厅

Data

在这间咖啡厅的法式乡村花园里，能欣赏到作为象征树的金合欢树和七叶树。在以红砖和绿色为主的天井式小花园中，即使在花朵较少的夏季也能观赏到鼠尾草和旱金莲等香草类植物。蓝莓和树莓等果树也为客人带来一片阴凉。坐在被绿色围绕的露台座椅上，品尝店家烘焙的咖啡和人气第一的巧克力蛋糕，度过美好的一刻吧。

1.店内的餐桌都设置在能看到花园的位置。2.融入绿植的装饰。3.店门口摆放着中古单车，十分美丽。4.由巧克力蛋糕、布丁，以及牧场直送的冰淇淋组成的“夏日套餐”。

Terrace

Garden Cafe & Restaurant　露台

Let's go!

02

茨城县
爱丽丝的茶屋

Data

这家叫"爱丽丝的茶屋"的咖啡厅开在店主的家中，在这里能品尝到深受顾客好评的红茶，也能欣赏到盛开的金樱子花。入口处的铁线莲'小木通'的甜美香味仿佛在欢迎来客的光临。店内有一座带露台的英式花园。你可以一边欣赏月季、铁线莲、铁筷子等植物，一边品尝芬芳的红茶。优雅的氛围让人仿佛置身于英国家庭的下午茶会。

在英式风格的花园里尽情享用红茶

1.绿意盎然的露台座椅。最近店家准备重新装修成玻璃房风格。2.在沙龙风的店内也能透过窗户看到满满的绿色。3.在喂鸟盆旁边种着一棵月季。4.过道里的荫生花园。5.1365日元的"特制午餐"里配有下午茶甜点。3种手工制作的丝绒蛋糕搭配松软的现做法式煎饼、三明治与1杯每日红茶。

在花与绿叶交织的湖畔露台享用时令意大利料理

Garden Cafe & Restaurant

03

静冈县
树莓露台滨松店

Data

这间时尚的意大利餐厅坐落在佐鸣湖畔。花园由专业的园丁打理，处处可见美景。鼠尾草、薰衣草、矮牵牛、金光菊等夏季花朵和香草正在盛开，树莓与蓝莓的果实也已上色。来客坐在露台上能充分感受到四季变化，大口享用应季食材制成的意大利面和炉烤比萨饼。如果选择坐在露台餐桌边，还能带上自家的宠物。

1.乡村花园里种植着许多有明亮绿色的植物，把建筑物映衬得更加美丽。四季都可以观赏到盛开的花朵。2.照片中的意大利面是店内的人气菜品"赤座虾意大利面"1980日元。3.店内采用了大窗户，坐在店里能在享用美食的同时欣赏绿色植物。4.建筑物和装饰品多使用天蓝色的涂漆，营造出童话小屋的感觉。

玄关被荚蒾覆盖，看起来非常优雅。视线的尽头是花园中的绿色植物。

Natural Garden

自然花园

Let's go!

Garden Cafe & Restaurant

04

千叶县

画廊咖啡厅

Data

陶艺家松平美子的工作室兼展览室坐落于印幡沼上方的树林中。每月开放2周。由民宅改造而成的充满手工感的展览室以及能感受到河边吹来的凉风的花园是这间咖啡厅的两大魅力。花园中种植着野茉莉、四照花、绣球等融入山野的植物，雁草等山野草在风中摇曳。在这里，你可以一边倾听树枝沙沙的声音，一边品尝咖啡、手工制作的蛋糕和日式糕点。

1.可以看到远处的枹栎杂树林的座位。餐桌的布置与眼前的花木融为一体。2.展览馆定期举行主题展。松平小姐也参与了室内设计，把墙壁刷成古旧的颜色，墙上贴着高温不上釉的陶器瓷砖，有种怀旧的感觉。3.松平小姐制作的种植着蓝雏菊、假马齿苋、头花蓼的陶器花盆。含植物5000日元。4.优雅的盆栽植物。5.用石花草、海藻制作而成的"寒天糕点(加糖渍金橘)与绿茶套餐" 500日元。

Natural Garden

自然花园

Garden Cafe & Restaurant

Let's go!

05

东京都

灯灯庵

Data

穿过一道门就是另一个世界。这个充满历史感的空间是由江户中期世家的土仓改造而成的，分成饭厅和展览室两部分。从土仓往外看，能看到树龄400年的榉树、垂枝樱和日本厚朴等茂密的杂树，让人感受到独具日本风情的四季风景。店内提供的是注重季节感的怀石料理。用奥多摩的自然素材，搭配竹筒、树叶制成的器皿表现季节的细微变化。店内还提供香鱼菜品和松茸菜品。

1. 陶制的洗手盆充满日式风情。2. 在花园中享用"抹茶与时令糕点(豌豆的葛粉果冻)"。3. 不种植任何草花和花木，只用蕨类植物装点的小路。4. 4000日元套餐的一部分菜品。竹篮前菜：鸡蛋拌玉簪苗、拌竹笋，搭配翠雀蟹甲草的芥末凉拌菜、盐煮蚕豆、南亚风腌小香鱼、百合糖芋头；餐后甜点：夏柑果汁、柠檬果冻、树莓、薄荷。5. 被垂枝樱、榉树等树木包围的坐席。

1. 以店主亲手搭建的杂货店为花园背景，餐桌的布置让人感受到野餐的乐趣。2. 入口处的大门和栅栏统一刷成白色，与油橄榄树的银色叶片交相呼应。3. 让人垂涎欲滴的芒果酱汁"南国芝士蛋糕"350日元和香草茶350日元。4. 生长旺盛的猕猴桃是花园中的视觉焦点。

Garden Cafe & Restaurant

06

埼玉县

面包圈咖啡厅

Data

充溢着手工制作的温度和自然感的家庭咖啡厅。带给人高原度假区感觉的白桦树，装饰甜点的浆果、柠檬、琵琶、猕猴桃等植物让白色的房子看起来更加美丽。这个绿意盎然的花园中的植物都是由店主亲手种植的。午餐提供两种人气套餐，鹰嘴豆的干咖喱饭735日元（中等尺寸525日元）、夏威夷米饭式汉堡840日元。每一杯都认真萃取的原创咖啡也很值得推荐。

Let's go!

Urban

都市

Garden Cafe & Restaurant

07

爱知县

哈娜艺术花瓶咖啡厅

Data

这间充满魅力的咖啡厅位于哈娜艺术园艺店（Hana Art）的二层，还带有一个阳台花园。阳台上种满了棠棣、玉簪、香草等植物，借行道树樱花为远景，形成富有层次的绿色景观。对于不满足于盆栽的阳台种植者来说，这是一个不可不看的花园！在这间咖啡厅，你还能吃到美容、健康又好看的时令沙拉、汤品和主菜。

1.从店里的大窗户往外看，能看到在阳光下熠熠生辉的植物。2.包含特制芝麻酱拌无花果和猪肉、柑橘味果冻、无花果酱拌生菜沙拉、虾肉与鸡肉的冬阴功汤、甜点、咖啡或红茶的特惠套餐1580日元。每月更换菜单。3.连果树也生长良好的阳台花园。4.可爱的杂货也不容错过。5.摆满了应季花朵的入口。

Urban

Garden Cafe & Restaurant　都市

08

爱知县

地球图书馆咖啡厅

Data

这间咖啡厅位于除骨架以外全部使用有机材料建造的日本首栋都市型环境友好大厦的一层。咖啡厅的入口是一片绿色，让人难以相信这是大厦的一角。穿过入口和店内，到达拥有露台座位的中庭。这座自然、可食用花园中种植着香草、棠棣、毛樱桃等植物。到了夏天，绣球、蓝雪花、木槿等花朵争相盛开。使用花园中采摘下来的有机蔬菜制作而成的自然餐也很受顾客喜欢。

Let's go!

1.铺着瓷砖的路口处也设计了种植带。空间不大，树木却生长得十分旺盛。2.初夏，中庭里的绣球正在盛开。3.在露台座位悠闲地享用茶点。“香草茶”500日元、“起司蛋糕”420日元。4.露台座位使用了亚洲进口的家具或二手家具。5.常给人钢筋水泥印象的大厦一角被大树包围。

1.顾客评价“吃一次就会上瘾”的鸡肉咖喱饭890日元，搭配饮料共1250日元。夏天推荐吃椰汁咖喱饭。2.利用道路与店门口的高低差，在台阶周围种满了绿色植物。3.店内装饰着印度杂货，充满南亚风情。4.高天井搭配大窗户。窗边的座位仿佛被绿色包围，给人开阔的感觉。

Garden Cafe & Restaurant

09

大阪府

肯特·格兰德中津本店

Data

作为红茶专卖店的开拓者而被熟知的名店。主要采购印度或斯里兰卡等地的原茶，进行加工售卖。因此，店内装修主要是东南亚风格。为了让顾客更充分地感受东南亚的热辣风情，窗外的花园种满了各种植物，仿佛是热带雨林的一角。看似随意栽种的热带植物生长得郁郁葱葱，带来杂木林般的魄力，让人忘记自己置身于大厦的地下一层。

只收集白色花朵的花园带来清爽的气息

1. 红色的砖块与深绿色的窗户搭配，仿佛是西式洋房的一角。白色月季与茼麻的搭配十分和谐。2. 融进花园中丰富绿意的绿色铁艺桌椅，提供美好的就餐体验。

Let's go!

Original

原创

Garden Cafe & Restaurant

10

神奈川县

白色花园餐厅

Data

这是一间种植着450种白色花朵的花园餐厅。东侧种植着开白色花朵的香草类植物，西侧种植着白色的月季、铁线莲等华丽的一年生植物和多年生植物，背面种植着稀有的珙桐树、流苏树、绣球、棠棣等开白色花朵的乔灌木。有时还会增种开花期不同的植物，即使在冬季也能看到铁筷子和仙客来的花朵。在这里，你能品尝到新鲜的鱼和由香草制成的清爽料理。

3. 使用时令蔬菜制作而成的主食，搭配甜点5250日元（鸡尾酒另算）。4. 缠绕在拱门上的月季‘雪雁’的香味十分迷人。因为是多季节盛开的品种，可以长时间观赏。5. 可爱动人的珍珠梅被种植在大门口。因为是蔷薇科植物，与花园的氛围并不冲突。6. 从墙壁、地板到餐桌都统一刷成白色的店铺内部。从窗户看出去的风景如同油画般美丽。

Original

原创

Let's go!

Garden Cafe & Restaurant

11

东京都

英式花园 玫瑰咖啡厅

Data

咖啡厅位于安静的住宅区内的高台，天气好的时候甚至能眺望到富士山。花园中种植的月季大多是四季开花的英国月季，共有120多个品种。你可以在这散发着芬芳的花园中散步，寻找自己喜欢的月季品种。室内有45个座位，室外有55个座位，共100个座位。店内还售卖多种与月季和香草相关的物品。

被月季的香气包围，享受休闲一刻

1.‘凯瑟琳莫利’‘简·奥斯汀’等月季被牵引到墙上，给人柔和的感觉。2.透过入口处的月季‘龙沙宝石’眺望花园。这种让人充满期待的布置也很值得参考。3.午餐：特制番茄牛腩，搭配沙拉、迷你蛋糕、饮料和3种天然酵母面包共1350日元。4.花园深处是美到令人窒息的月季空间。选择了‘安妮·弗兰克的纪念’等色彩艳丽的品种。5.被月季等植物围绕的露台。全年都可以在这里享用美食、欣赏花园。

在宽敞的花园内散步 享用午餐与茶点

Garden Cafe & Restaurant

12

兵库县

自助咖啡厅 风之诗

（兵库县立淡路景观园艺学校内）

Data

种植着一千多种植物的乐园“阿尔法花园”和自助咖啡厅“风之诗”都位于立淡路景观园艺学校内。在这个能眺望大阪湾的自助咖啡厅内，用餐座位被以针叶树为主的岩石花园所包围。园内种植着红千层、玫瑰、绵毛水苏等植物，初夏时能欣赏到松红梅的花朵。使用夏季时蔬的每日午餐和含20个香草品种以上的香草茶都值得推荐。

1.有着花之庭、风之庭等多种风格花园的“阿尔法花园”。园内导游由毕业生志愿者担任。2.岩石花园围绕在自助咖啡厅的四周。3.种植着多肉植物等耐干旱的植物。4.“蛋糕套餐”600日元。搭配应季水果的蛋糕加上店家推荐的香草茶，十分美味。

咖啡厅内的绿色植物与生活杂货搭配十分讨人喜欢

Let's go!

Deck

木甲板

Garden Cafe & Restaurant

13

东 京 都

Found

Data

这间杂货店&咖啡厅售卖从法国、英国淘来的家居饰品和生活杂货。就像店主所说，“除了人以外，任何东西都是商品”。除了店内陈设的商品，从用餐的餐桌到厕所的门等都是售卖中的商品，这种独特的模式很受顾客的欢迎。在木甲板的花园内，栅栏、花园餐桌，以及油橄榄等大型盆栽都可以购买。“绿色×杂货”的搭配很值得玩味，添加了时令水果的蛋挞和手工制作的果酱也十分好吃。

1.店主朋友花数日打造而成的木甲板内花园。2.摆放着迷你盆栽等植物的花架也是商品。3.“下午茶套餐”1500日元：添加自制果酱的茶饼、枫糖味的泡芙、香蕉蛋挞（每日的蛋糕品种不定）、冰红茶（可挑选的饮料）。4.店内的摆设也很值得花园爱好者参考。5.怀旧的冰淇淋盒也能成为花盆装饰。

Let's go!

Deck

木甲板

14

Garden Cafe & Restaurant

茨城县

后院咖啡厅

Data

这间咖啡厅&中古商店位于植物茂密的洞峰公园的北面。就像店名所说的那样，这是一个隐藏在大厦之中、被绿色包围的木甲板花园。入口处陈设着美丽的植物和杂货，常春藤和针叶树等植物打造出立体绿色空间，应季的组合盆栽装饰着餐桌，美不胜收。如果坐的是户外木甲板座位，还可以带宠物入店。带狗散步的途中，可以进店享受咖啡厅菜品和甜点。

展示中古家具
和绿色的完美搭配
充满情趣的隐蔽之家

1.自然感的木甲板、栅栏上攀爬着常春藤和针叶树，共同打造出这个舒适的空间。2.在绿色植物中装饰着中古的镜子，在花园展示上也有很多可参考的地方。3.使用挂篮、花盆架等制造高低差，入口处的摆设也十分美丽。4.新鲜的“草莓与香蕉的酸奶奶昔”650日元，添加蓝莓、树莓、黑醋栗、烤香蕉等多种水果酱汁的“热松饼”600日元。搭配鲜奶油和水果。

高原乡村风的香草花园
给人度假般的享受

1.被绿色包围的木质外观让人联想到高原的乡村风景。2.蔬菜丰富的健康“午餐菜品”1365日元(周一至周五限定)。配有店内制作的点心、咖啡或红茶。3.木质甲板上的露台座椅让人享受优雅时光。4.盆栽植物看似随意地陈列在店内。

15

Garden Cafe & Restaurant

奈良县

核桃草店

Data

被绿色包围的乡村风木屋给人很深的印象。这间咖啡厅设立在主要经营户外家具的杂货店内。刷成白色的木质墙壁加上木地板，让人感受到温馨的手工制作的感觉。从店内延伸出的玻璃房往外看，是一座美丽的香草花园。工作日午餐提供的健康杂粮饭加菜品与周末提供的比萨、原创意大利面都十分受顾客欢迎。

1.朱红色的东洋风建筑与英式花园的搭配让人眼前一亮。2.“鱼贝料理套餐”1800日元，主菜是挪威三文鱼和包菜裹蘑菇的蒸菜。3.田里种植着葡萄‘霞多丽’。除此之外，还种植着21个品种的葡萄。背景是角田山。

Let's go!

Farm

农场

Garden Cafe & Restaurant

16

新潟县
奥西洞穴酒厂

Data

酒厂拥有一块种植着约2万株‘霞多丽’‘黑皮诺’等品种的巨大葡萄田，自家酿造的葡萄酒品种多达16个。在农场内的餐厅“奥西洞穴”里，能享用到围绕着葡萄和英式月季的香气的美味餐点。你可以坐在被月季和原种葡萄环绕的露台上，闻着夹杂着海水潮气的月季香气，再喝上一杯甘醇的红酒。本地海港新鲜打捞上来的海鲜和自家酿造的红酒烹煮出来的菜肴也十分值得品尝。

4.主要种植英国月季。秋季开花的品种可以欣赏到 12月左右。5.草坪的边缘种植着月季花带，还可以看见香草类植物和其他多年生植物。6.从店内往外看到的月季廊架下的露台座位。廊架与拱门都是店内员工DIY的。

1.在露台座位上品尝包含多种野菜的“农园的便当”。2.主馆建筑使用的木材曾被用于旧官邸和酒窖，有各种规格的房间。3.从主馆的房间也能看到农场和花园的风景。

Let's go!

Farm

农场

Garden Cafe & Restaurant

17

大阪府

农园 杉五兵卫

Data

这间农园料理店拥有宽阔的农场。在这里可以尽情享用自家种植的新鲜蔬菜和野菜。园内种植的蔬菜使用的是驴粪便堆肥。在园内散步时，还可以远眺生机勃勃的夏季蔬菜。李树、葡萄树、杨梅树、琵琶树等果树正值观赏季节，到了8、9月还可以采摘葡萄。美到令人窒息的古代莲也会盛开到8月。10月，可以采摘柿子、橘子，还可以挖芋头，让人深切感受到来自大地的恩惠。

4.主馆入口被绿色植物环绕，给人一种回到故乡的安心感。5.包括山林，整个农园的面积约为$5hm^2$。游客可以在这个巨大的农园里自由散步(禁止采摘野菜和损坏苗木)。

心中的那片热海
——2017探访热海私家花园

白舞青逸

作者简介

白舞青逸，本名陆蓓雯，典型的上海80后。《花园MOOK》杂志特约编辑、园艺爱好者、自由撰稿人、翻译。

先后为《花园MOOK》杂志翻译并发表多篇有关园艺及园艺之旅的文章，同时也为绿手指编辑部翻译了《玫瑰月季栽培12月计划》《人人都能制作的花环BOOK》等图书。

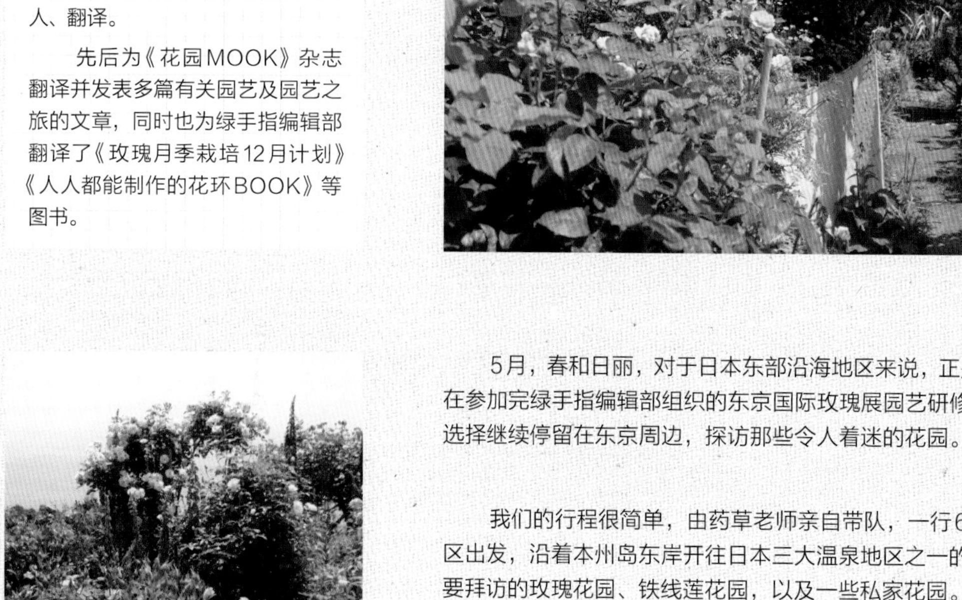

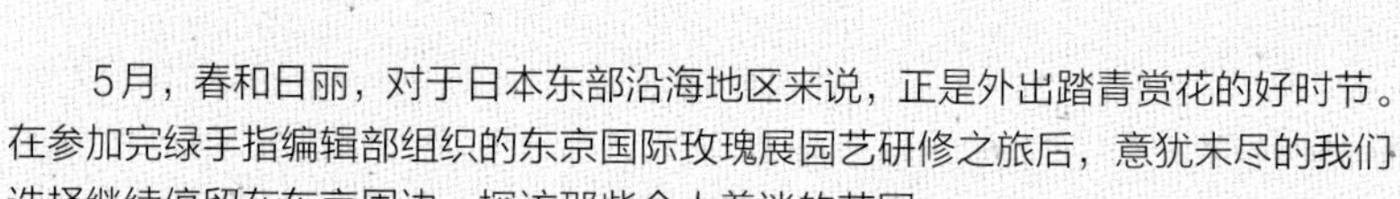

5月，春和日丽，对于日本东部沿海地区来说，正是外出踏青赏花的好时节。在参加完绿手指编辑部组织的东京国际玫瑰展园艺研修之旅后，意犹未尽的我们选择继续停留在东京周边，探访那些令人着迷的花园。

我们的行程很简单，由药草老师亲自带队，一行6人，租了一部车从东京市区出发，沿着本州岛东岸开往日本三大温泉地区之一的伊豆半岛。那里有我们将要拜访的玫瑰花园、铁线莲花园，以及一些私家花园。

窗外的景色不停变换，如同播放老式的胶片电影，场景从密集的钢筋森林逐渐切换到开阔的公路、田间。大块的色彩让人远离城市的喧嚣，绿色的农田和树木带着春天的气息扑面而来，随处可见肥沃松软的黑色耕土让一群种花人红了双眼，直到碧海青天映入眼帘，才猛然意识到终于踏上了热海这边热土。

热海市，位于静冈县东部，与神奈川县接壤。丰富的温泉资源和毗邻相模湾的优越地理位置，让热海得天独厚。依山傍海，温暖的气候使这里一年四季风景秀丽。这里有着拥有“日本最早盛开梅花”的日海梅园，每年2月都能看到热海的早樱与梅花一起盛开、交相辉映的美景。春季AKAO香草玫瑰花园的600种4000多株玫瑰令游客纷至沓来。此外，5月会有系川沿岸的三角梅、姬之沢公园的杜鹃，6月上旬则有亲水公园的蓝花楹，11—12月还会有“日本最晚红的枫叶”。

好山好水自然孕育了一方喜爱园艺的人。这次我们有幸请到了伊豆花园俱乐部的副会长香月先生，由他带领我们参观当地居民的4座私家花园。早晨的海面波光粼粼，一红一白两部车沿着海岸线向上行驶，远远地就望到一处面朝大海的山上铺满了鲜艳的色彩，我们的私家花园探访就从这里开始。

面朝大海的节子花园

怀着激动的心情，我们终于靠近了这座梦幻般的花园，这是热海当地最有名的私家花园（也是这次探访的4座私家花园之中我最喜欢的花园），常有报纸、杂志来这里拍摄报道。随着香月先生的一声呼唤，花园的主人增田节子女士出现在我们眼前：一位个子不高但精力旺盛，笑起来有点腼腆的老太太。身着小碎花的围裙、头戴遮阳帽、脚穿靴子——标准的园艺三件套！出于礼貌，我们没有询问增田女士的年龄，但是当地的人总是亲切地叫她节子，以至于花园的名字也随了主人。

节子花园位于伊东市赤沢的海边，从花园能眺望到伊豆的7座岛屿。整个花园的面积在990㎡以上，种满了玫瑰、山野草、多肉等四季植物，其中花园的一部分区域还被改造成岩石花园。来参观的人不需要预约，全年都能看到各种不同的植物花朵。

最初建造这座花园的契机是节子退休。她的两个儿子在工作之后都搬到市区居住了，而她则选择和丈夫一起留下，投身到自己热爱的园艺事业中，建造属于自己的乐土。在丈夫的帮助下，她把原本种植柑橘的土地改造成了花园。人们看到的台阶式花坛、眺望海景的亭子、水池和木制的小屋，都是增田夫妇两个人亲自设计，然后自己动手一点一点堆砌搭建而成的。节子自豪地和我们说，明年他们计划把旁边的一块地也开垦出来，种上更多的花。

1.节子的木屋。2.节子收集的非洲原生大丽花。3.日式风格的一角，堆满了各种山野草。4.节子花园的一角。5.干花与巨大的马蜂窝标本。

每个园艺爱好者都有自己特别喜爱的植物，在一阵阵相机快门咔咔声后，我们发现节子就是个不折不扣的“品种控”。除了本地的植物，她会在网上订购一些其他国家、地区的植物或是刚推出不久的新品种，再将喜爱的品种通过播种、移栽、扦插等方式保留下来。所有的植物都会按照各自的生长习性被安置在花园四处，比如山野草喜凉爽环境，节子就把许多山野草种植在花园一处有山溪流淌的地方，这样即使在炎热的夏季也能长势良好。玫瑰等大型喜阳的灌木被安置在开阔的山坡上。台阶式花坛和台阶下组合种植着大量岩石花园植物和多肉。铁线莲、玫瑰等爬藤植物的架子搭建在上、下两个台阶之间。放眼望去，富有立体感的紧凑布局令节子花园显得丰富多彩。

节子的园艺生活充满了乐趣。海边的小木屋里收藏着花园的精彩瞬间，大幅的照片和做成干花的植物在这里展示摆放，角落里一个巨大的马蜂窝标本更是吸引了不少参观者的眼球。大量四季开花植物和柑橘园也为节子花园增添了一个新称呼——“养蜂园”。看来节子的退休生活一点都不枯燥呢!

半个多小时后，我们依依不舍地告别了节子，临走时她送给我们一些柑橘，品尝后那甘甜清香一直令我们难以忘怀，就如同她的花园带给我们的感受一样。

○ 热海人民的精致生活：洋房花园

花园一

Joy Garden

离开海边，我们驶入了当地人居住的社区。Joy Garden的主人早已在门口等候多时，一身素净，日本主妇贤惠得体的感觉又一次在女主人身上体现出来。Joy Garden是由男主人建造的，平时由夫妇两人一起打理。花园的面积在330㎡左右，主要以种植月季为主。

刚下车就看到典型的暖色系西式小洋房前有一串白色的蔷薇恰到好处地依靠在玄关前，静静地欢迎着客人来访。从洋房侧边的月季拱门进入花园，一抹亮丽的枚红色月季依附着墙面攀缘而上，定睛一看原来是被巧妙修剪过的'安吉拉'，不像平时铺天盖地的样子，怪不得第一时间没辨认出来。继续深入，面积不大的草坪上有好几墩盛开的灌木欧月。

整个花园的布局紧凑但打扫得干净整洁，家里有院子且种过藤本月季、灌木月季的人都知道，拥有大量的精力和一定的修剪功底的人才能建成这样低调又不失精致的花园。热爱园艺的人，大部分都是热爱生活的人。在20㎡的露台上，摆放着一些盆栽的花卉和正在晾晒着的美味。女主人将自己用柑橘皮和砂糖制作成的果干拿出来请我们品尝并解说制作的方法。每一次探访花园，总是甜在嘴里，也甜在心头。

花园二

桃子花园

由于时间的关系，我们紧接着去拜访了第二座洋房花园——桃子花园。虽然同为洋房，但桃子花园与Joy Garden风格迥异。桃子花园的主人才搬来几年，660㎡左右的花园被大大小小分割成块，种植果树（貌似这里的居民每家都会种柑橘）和各类月季。灌木月季和藤本月季爬满铁艺小亭子，靠近水池的地块则种植了鸢尾等。虽然不如前两家那样花团锦簇，但也具有一定规模。

花园三

Dolce Rosa Garden

最后一站的重头戏当然是香月先生家的花园了。看上去五六十岁的他，头发花白却整理得一丝不苟，一路上和我们谈笑风声。香月的Dolce Rosa Garden面积在660㎡左右，是种植着各种月季、铁筷子和铁线莲的欧式花园，其中的月季主要是寺四菊雄培育的HT系月季。这些HT系月季对香月来说具有特殊意义，是他和好友一起培育的新品种，因此无论近些年欧系还是日系月季多么层出不穷，他仍然坚持着自己所热爱的品种。

为了欢迎我们这些从中国来的客人们，伊豆花园俱乐部的会长铃木先生和香月夫妇在花园里摆起了茶话会。品尝着美食和新鲜水果，我们介绍了“绿手指”及其出版的园艺书籍，分享了中国园艺近况，这些变化令他们对中国园艺水平的迅猛发展感到惊喜。在热烈的交谈中，我们感到语言不再是障碍，在这里的只是一群热爱园艺、热爱生活的可爱人儿们。

后记：

时隔1个月，药草老师收到了来自远方的礼物——一份刊载了中国花友拜访热海私家花园报道的报纸，仿佛又看到了大海另一边那群热情可爱的种花人带着满脸笑意向我们挥手。

佛系·庭院之旅

拜访陶瓷故里『栃木县·益子町』

本期为了寻找「理想的容器」，我们去陶瓷故里开启了一趟小小的旅程。在陶艺体验教室挑战容器制作！

想要制作的容器草图。预想的是做5号尺寸的容器和可以混搭多肉的浅容器，以及各自的托盘。

益子烧的历史

江户时代末期开窑，由生产盆钵、水瓶、茶壶等日常道具的烧窑场发展起来。此后滨田庄司等陶艺家所造的陶瓷艺术品受到好评，现今约有260个窑址散布在各地。

让人深感雅致温润的相玄窑作品。可在教室旁的“树隙流光”店购买。

授课老师
相马达真先生

本次陶艺体验的场地

相玄窑陶艺教室

相玄窑拥有32年的历史。这里的教室由相马达真先生负责管理，他还在此进行指导教学。此处还邻近日本国宝级人物——滨田庄司的“益子参考馆”。

【陶艺体验费】
体验基本费 1500日元（1名/约2小时）
额外烧成费（这次制作的5号尺寸容器）
・电动绞盘成型 2800日元/件 ・手捏成型 2000日元/件
※不包含托盘。配送费额外计算 ※配送时间 约3个月送达

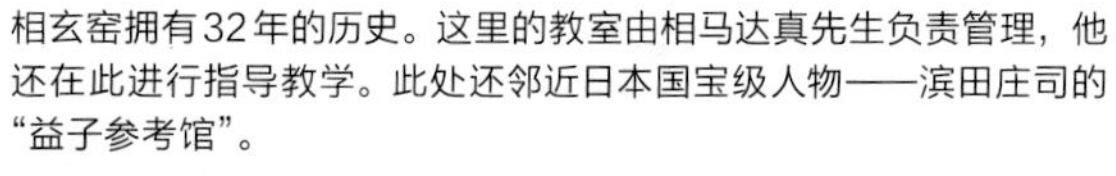

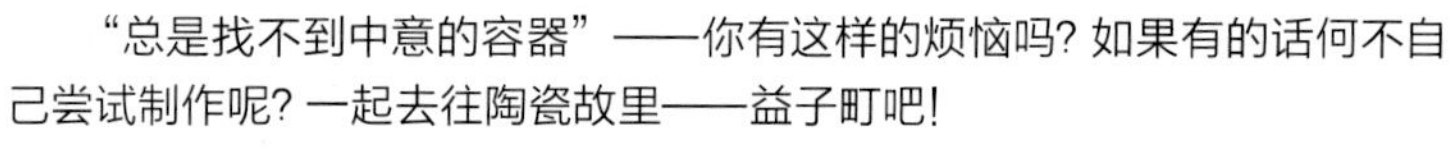

“总是找不到中意的容器”——你有这样的烦恼吗？如果有的话何不自己尝试制作呢？一起去往陶瓷故里——益子町吧！

这次的容器制作体验在“相玄窑陶艺教室”进行。我先直接向陶艺家相马达真先生描述了自己想要的容器造型。目标是5号容器（直径15cm，高17cm）和配套托盘。相马先生说：“烧制后会有15%的收缩。”需要基于这个差值算出泥胎的大小。而制作托盘的计算会更为烦琐。

挑战用电动绞盘制作5号尺寸的容器！在黏土的正中塞入右手的食指、中指、无名指，戳出进深，再用左手同样的手指指腹轻轻贴在胎壁外，两手夹壁轻轻地从下而上移动。反复这个动作以逐渐接近容器的造型，但要注意手指细微的动作便会使得黏土歪斜，胎壁无法升高。经过30分钟终于完成了！

把成型的泥胎交给相马先生，再经过素烧、施釉、釉烧的工序，在容器底部打孔，最终3个月后寄到手中。在这期间我想象着做出来的成品会是什么样，将什么植物栽植进去才好，越想越期待。大家也去陶瓷故里挑战一下DIY自己的容器吧！

登里窑

1.干净明亮的作业场所。2.有出租的围裙和擦手巾。3.利用电动绞盘挑战5号尺寸的容器。两手指腹夹住黏土由下至上，将容器高度做出。4.造型完成后，用切割线把底切出来。5.完成！用倒剪刀手的姿势轻轻将容器拿起来。6.给另一个浅容器做花边，因为很难用绞盘将边饰和本体融为一体，所以把绳状的黏土贴在容器底，将二者重叠起来，再用这种手捏的绳造法制作成型。7.为了把重叠的黏土融合在一起，用手指边捏边卷。8.边缘加上装饰，造型完成。9.与容器配套的托盘也制作出来。

容器制作 2件 开始！

完成！

3个月后，容器寄到了。温润的绿釉与植物很搭。不过有一件托盘在烧制过程中开了个大裂缝，真遗憾！

纪念品也可以在这里购买哦！

送给自己和编辑部同事们的纪念品，果然送迷你容器是不会出错的！

左/濑户烧和一些进口货。

右/益子烧折越窑原创品。

到益子一定要拜访的容器专卖店

光是看看就让人很开心的各色迷你容器！

花器大窑（折越窑）

这里制造、售卖花器已55年了。店内以折越窑益子烧的大容器为主，也出售濑户烧、信乐烧和常滑烧等。最近，栽种多肉植物等小植物的迷你容器也颇有人气。窑主人大冢昌三先生是以绳造法制作大钵大壶的专家，也致力于益子烧所用黏土的开发，对益子烧的发展贡献了自己的力量。

木箱

随处可见的
容器大变身！

绘出你的创意花盆

[主要工具]

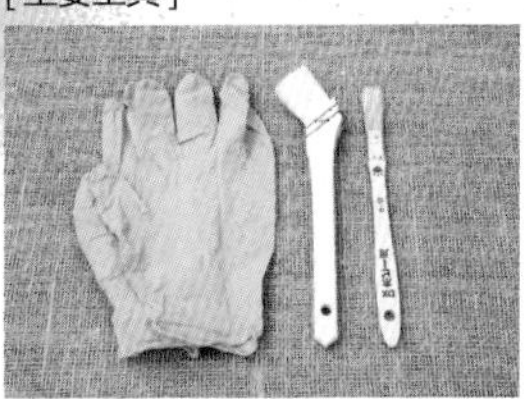

橡胶手套、刷子（大、小）

事实上，想要得到一个与自己的庭院风格完美契合的植物容器，亲手去做才是最好的选择。只要掌握了一些涂绘的技巧，谁都可以轻松地用日常材料做出美丽又别致的复古风花盆。

必备材料

小要点

形成铁锈的秘密武器
在于——石灰

- 塑料花盆（直径14.5cm，高17cm）
- 园艺用水性漆（黑、红）

与秋色系组合盆栽完美契合的做旧铁锈风花盆

铁锈风花盆的色调使其能够很好地融入满院落叶的秋意中。涂料中加入的石灰透出的白色能够起到柔化底色的作用，并最终使花盆呈现出一种红褐色与灰色相混合的独特色彩。此外，石灰的粗糙质感也更加有利于呈现铁锈的感觉。与深紫色的羽衣甘蓝‘紫色魔法’（‘Purple Magic’）及粉色的五色菊‘珍爱’（‘Cherish’）等色彩浓艳的植物搭配，可以起到很好的衬托作用。

操作步骤

将石灰分次少量加入园艺用水性漆（黑色）中，由于最终的效果会因加入石灰的量不同而有所不同，所以请根据喜好决定石灰用量。

用大的刷子将1涂在塑料花盆上。即使涂得不均匀也不要在意，这样反而会增加自然的感觉。

在半干状态下，用小刷子蘸取水性漆（红色），用刷头以轻敲的方式将涂料涂在2上。这个环节的要点是涂得随意些，不要太均匀。

因为栽种植物后，还是可以看到花盆内侧上沿，所以一定不要忘记涂这里。大约放置半天使花盆自然干燥，待到表面发白时，这个花盆就完成了。

真正的生锈容器
令小小花草更加楚楚动人

这里所用的材料是去掉标签的空铁罐。并不需要使用其他涂料，只需利用与盐反应后会氧化的这一特性来制作带有古旧效果的花盆容器。如右图所示，这种朴拙的感觉，与浅紫色的北美茜草是绝配，金属特有的质感与真正的铁锈所呈现出的光阴流逝的氛围，更能突显出小小花草的美好与楚楚动人，温柔了时光。

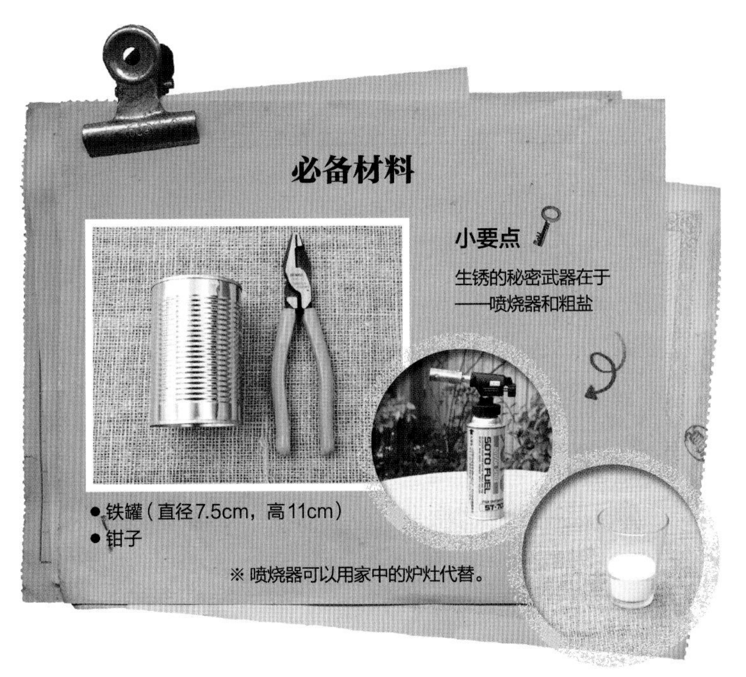

操作步骤

戴上厚手套，手持钳子夹住铁罐，并用喷烧器喷烧罐子的表面。这一步骤是为了去掉罐子表面的防锈涂层。

注意
因为底部不需要生锈的效果，所以请注意不要烧到罐子的底部，可以用锥子等将底部扎几个孔留用。

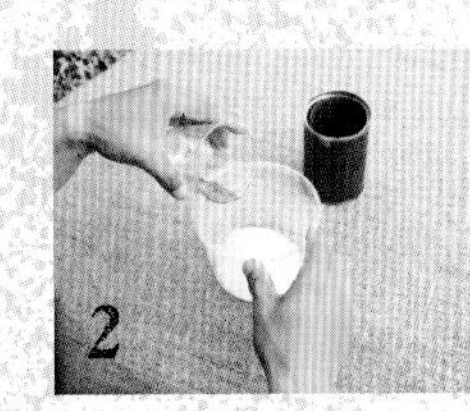

2 找一个容器，将适量粗盐与少量水进行混合。注意水不要太多，感觉盐里稍含水分即可。

3 轻轻搅拌，如果盐里水分过多的话，将不易附着在罐子表面，这时就需要调整，直到整体成为较稠的糊状。

4 待罐子冷却后，将**3**的糊状物用手直接糊在罐子表面，并轻轻按压使贴合。这一步骤的要点是使糊状物充分地附着在罐子上。

5 充分涂好，侧面也不要遗漏。之后将罐子放置在托盘上，置于干燥凉爽处。3~4天，金属罐的生锈过程就自然地完成了。

彰显植物 盎然生机的蓝色容器

这里用到的材料是正方形的木盒，这次我们将用蓝色的水性漆来进行涂绘，并最终使这个具有规则外形和朴素质感的木盒，变身成一个充满魅力的植栽容器。从清爽的蓝色面漆底下透出烧焦的颜色，赋予容器一种沉静的气质，而这种气质，将会衬托得作为主角的圣诞玫瑰飘逸的白色花朵、欧石楠金黄色的闪亮叶片，及景天类植物水嫩的绿叶更加美丽。

必备材料

小要点

这里的秘密武器是——喷烧器

- 木盒（长18cm，宽18cm，高8.7cm）
- 园艺用水性漆（蓝色）
- 刷子
- 毛巾

※ 喷烧器可以用家中的炉灶代替。

操作步骤

1 戴上厚手套，一只手持木盒，另一只手进行喷烧，整个木盒都要烧出焦色。

基于防腐的目的，木盒里面最好也要喷烧。

2 用刷子轻刷木盒表面，去掉灰尘，并有意地制造一些伤痕，这样做会使涂绘过后的木盒表面出现斑驳的质感。

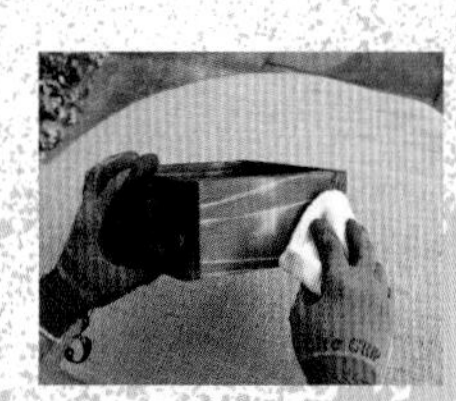

3 用干毛巾擦拭使表面光滑。如果仍留有浮尘，会影响涂绘的效果，所以一定要彻底去除。

4 先用园艺用水性漆（蓝色）将四个侧面中的一面进行涂绘，即使涂得不均匀也没有关系，要迅速涂完。

5 在涂料完全干燥之前，用干毛巾轻轻擦拭，一直擦到可以看出底部烧焦的痕迹。余下的侧面和边缘也照**4**和**5**的步骤反复操作。

6 所有面都完成第一次涂绘后，在完全干燥之前，再一次用喷烧器进行喷烧。不用对整体进行喷烧。随意选一些位置进行这一步骤。

7 从第一面开始，在喷烧过的地方再次涂上水性漆，这回用刷头轻轻敲击的方式将涂料涂在容器上。

8 趁涂料未干，用干毛巾再次轻轻擦拭，使烧焦的痕迹与水性漆的边界相融合，并且使焦色透出来。反复进行**7**和**8**的步骤，直到完成其余的侧面和边缘。

其他创意

通过精心地涂绘，再加上小型杂货及植物的装饰，即使是剩余的边角料，也可以“华丽变身”，成为一块漂亮的看板，现在就一起来体验创意手作的乐趣吧。

龟裂纹造型的乡村复古风欢迎看板

这里有一个无须使用专用龟裂纹涂料即可完成龟裂纹造型的秘诀，那就是利用木工胶干燥后收缩的特性，在涂完底漆后涂上木工胶，然后再涂上面漆，最终干燥后，就可以形成漂亮的龟裂纹了。接下来用水苔或多肉植物装饰迷你三轮车，然后挂在看板上，进一步营造出可爱的乡村风格。根据装饰的材料不同，还可以营造出古旧风或自然风。

必备材料

- 木板（长30cm，宽8.5cm，厚1.5cm）
- 园艺用水性漆（蓝色、白色）
- 丙烯喷雾
- 铁艺迷你三轮车
- 钉子 2根
- 小螺丝钉 2个
- 麻绳
- 锤子

小要点

形成龟裂纹的秘密武器是——木工用胶

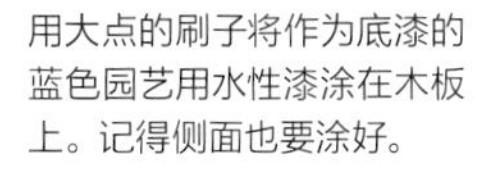

操作步骤

1 用大点的刷子将作为底漆的蓝色园艺用水性漆涂在木板上。记得侧面也要涂好。

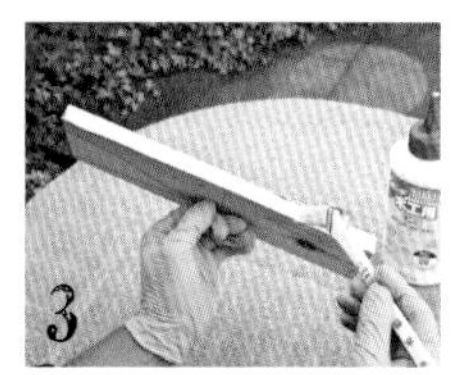

2 待底漆干燥后，直接在1上面挤上木工胶，因为需要一次性涂满整个木板，所以请挤得足够多。

3 用小刷子将木工胶涂满整个木板。在木板上钉上钉子作为把手将会更容易涂好。

4 在木工胶完全干燥之前，均匀地涂上白色园艺用水性漆，然后待其自然干燥。

5 待涂料完全干燥后，喷上丙烯喷雾，这个步骤可以增强木板的防水性。

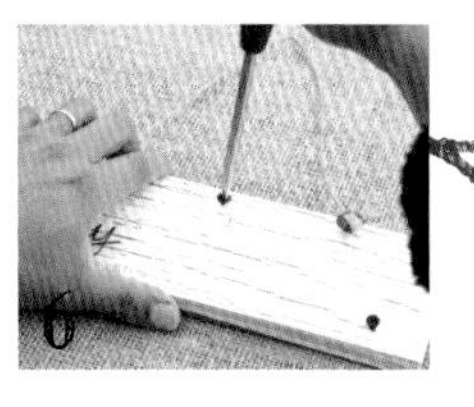

6 为了方便悬挂，在木板上方钉上螺丝钉后绑上麻绳。最后再钉上钉子固定三轮车。

因为需要挂住车轮来进行固定，所以，钉子要钉在合适的位置上。

idea from Lucy Gray

营业时间：10:00~18:00（11月至翌年3月17点关门）
休息日：周二
http://www.lucygray.net

Lucy Gray园艺商店位于安静的住宅区，可爱而醒目的西洋建筑令访客很容易找到它。这里花苗种类非常丰富，且据花友介绍，它的杂货及庭院的展示布置也非常到位。另外，店里还有在进行人气品种的培养及组合盆栽的教学。

玩转园艺，从认识栽培介质开始

柏淼

园艺可不仅仅是玩泥巴这么简单的事。告别新手第一步，从了解最基础的栽培介质开始，学会最实用的园艺知识。

大部分植物的生长都离不开栽培介质，合适的栽培介质对植物的根系以及植株的生长有着相当重要的作用。所以今天要来介绍的就是种植里面最常用的基础栽培介质，是针对新手而言的。而实际上栽培介质远远不止这七种，以后会分门别类单独介绍。

泥土

泥土是生活中随处可见的，也是很多人喜欢就地取材使用的。泥土主要由空气、水分、有机质和矿物质组成。好的泥土一般是疏松透气、富含有机质的壤土，而比较黏重、保水性过强的黏土则不太适合种植大部分植物。很多家庭养花喜欢就地取材直接挖家门口或者小区里的黄泥土，那么种植时要注意消毒以及适当改良，增加透气性。

草炭

也就是俗称的东北泥炭。成分比较杂，有很多没有完全分解的植物残骸和杂草。质地相对来说比较疏松，所以也可以用来改良土壤。不过东北泥炭的保水性能很强，所以通常被用来种植草花。另外，草炭和椰砖在某种程度上是泥炭的替代物，但是因为草炭和椰砖的品质都不够稳定，所以生长较弱、根系不够发达的植物尽量避免使用。

草炭，俗称东北泥炭，富含有机物和很多未完全分解的杂质。

珍珠岩增加了栽培介质的透气性，有利于植株根系生长。

珍珠岩

园艺珍珠岩是我们使用得最普遍的材料之一，也常被用来改良土壤。珍珠岩具有质轻、多孔、疏松的特点，能极大提高栽培介质的透气透水性，利于植物的根系呼吸。目前市场上出售的珍珠岩有不同颗粒大小的规格，小苗可以使用细颗粒的珍珠岩，而大型盆栽以及土壤改良则应尽量选用粗颗粒的，对促进植物的生长效果非常好。（珍珠岩很便宜，而且适用范围广，改良土壤的话就算不使用泥炭也可以用用珍珠岩代替。）

泥炭

相对于泥土和草炭而言，进口泥炭是适合绝大多数植物的栽培介质，它具有保水保肥、无菌无毒的特点。同时因其具有良好的透气性，所以非常适合植物的根系发育。德国维特、大汉、品氏和发发得泥炭是目前被广泛使用的几个品牌，不同型号、不同颗粒粗细的泥炭适于栽种不同的植物，选购时应注意。

细颗粒泥炭一般用于播种（图示：香豌豆的播种）。

粗颗粒泥炭孔隙度较高，一般适用于生长比较迅速的月季、铁线莲、文殊兰，以及大型球根、肉质根等植物。

中等颗粒大小的泥炭基本适合种植大部分植物，疏松、透气性好的泥炭有利于植物的根系生长。

椰糠

椰糠是以椰壳为原材料进行加工再使用的一种天然有机栽培介质。由于椰糠是可再生资源，曾被视为泥炭的替代物。但市面上卖的椰糠品质各不相同，即使是同批次的椰糠，质量也不尽相同，这是生产方式和椰壳本身决定的。椰壳含有天然的盐分，必须经过冲洗、脱盐后才可以使用。由于本身不含肥性，故多年生草花不适合用纯椰糠种植。由于椰糠比较疏松透气，因而适合在土壤黏重的花园里作为土壤的改良物混合使用，对植物的根系生长有好处。

不同品牌、不同颗粒粗细的进口椰糠。

粗颗粒椰糠、泥炭、松鳞和珍珠岩以3：3：2：2的比例混合，再加入少量缓释颗粒肥，这样种植兰花，非常利于其根系生长。

扦插1个月后的月季根系图。蛭石扦插适用于大部分植物，尤其是月季、铁线莲、绣球。（图：米米）

蛭石

这是花友扦插植物时常用到的材料。细颗粒蛭石被誉为植物扦插的“生根神器”。它是具有层状结构的矿物，因而有着良好的贮水能力。如果栽培介质里混有赤玉土、桐生砂这类保水能力不俗的颗粒土，可以不加蛭石。但如果只加了珍珠岩这类只有透气性而没有足够保水性的颗粒物，加少量蛭石还是有必要的，特别是用透气性极强的红陶盆种植时。这里要说一下，透气性和保水性并不矛盾，尤其是一些喜欢湿润但又不耐积水的肉质根和球根类植物，它们对栽培介质的要求就是希望这二者兼具。

使用蛭石扦插过程：

植物扦插时留取扦插的枝条5~8cm，可以一节，也可以两节。蛭石是扦插“神物”，家庭扦插必备。浇透蛭石，压紧，枝条插入蛭石顶端留1~2cm即可。浇水通风，不要暴晒。黄梅天生根快。

鹿沼土

鹿沼土是花友种植多肉和雪割草、岩须等植物的必备介质。它是由下层火山土生成的，呈酸性，有很好的通透性和蓄水力，也常作为栽培辅助材料同泥炭等介质混合使用。因其本身不含什么肥力，适合用于对肥料需求较少的植物。如果单独用来种植月季、耧斗菜等开花量大、对养分需求高的植物时，应注意施肥等事项。

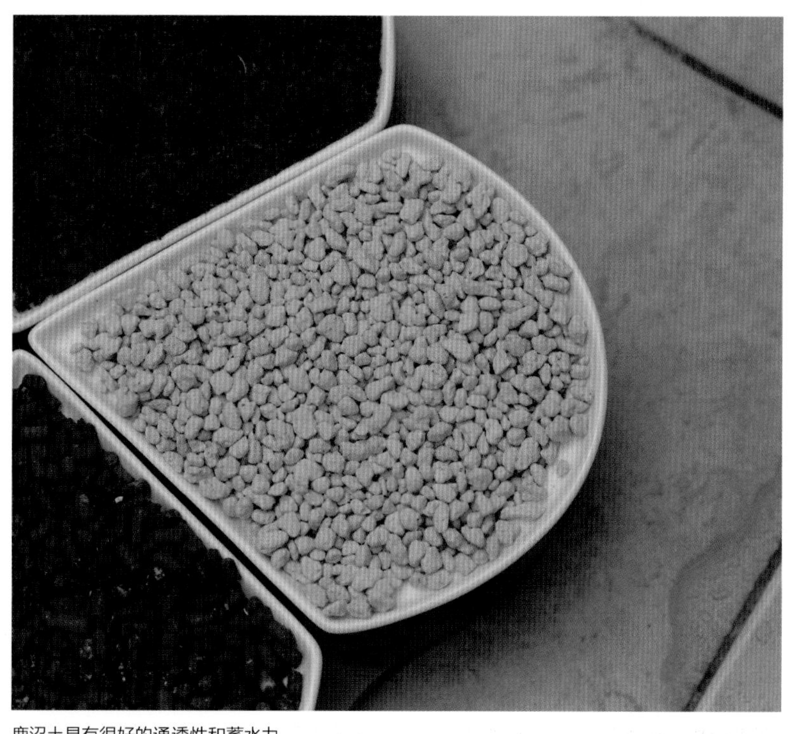

鹿沼土具有很好的通透性和蓄水力。

赤玉土

和鹿沼土类似的还有赤玉土，它是黏土层中经筛选过后的颗粒土，呈弱酸性。赤玉土的特征是不含肥力，而透气排水性和保水保肥性优秀。通常在花盆中使用中粒和小粒的比较合适。而大颗粒一般用在盆底作排水层。因质地纯净不含病害菌，所以在日本，它是最常见且不可缺少的盆栽基础用土之一。纯赤玉土非常适合用于月季等植物的扦插，或者和蛭石按1：3的比例混合进行扦插，生根率很高。

赤玉土的透气排水性和保水保肥性都很好。

纯赤玉土扦插。枝条一般留两节，一节叶子剪掉埋在蛭石里面，一节带一侧叶子。夏季也可以使用这样的扦插方式，但是要注意保持湿润，不可干旱。

松鳞是种植热带兰及月季常用的基质之一，可以增强排水效果。

松鳞

松鳞是经过处理的松树皮，是良好的铺面材料。在种植月季和兰科植物的时候也常作为增加介质和疏松透气性的材料使用。另外关于铁线莲介质要不要加松鳞的问题，简而言之，北方加松鳞情况还好，因为北方没有长期的高温闷湿的梅雨季，所以铁线莲的白绢病发病率比南方低（长瓣铁一点松鳞都不要加）。加松鳞本来是有利于排水的，前期对铁线莲的根系非常有用，但是时间久了，高温闷湿导致松鳞腐烂发酵，未完全分解的有机质在高温闷湿的环境下是病菌的温床，很容易诱发白绢病的发生，故铁线莲等毛茛科植物忌用，加上市面上卖的松鳞的质量太不稳定，所以高温潮湿的南方地区尽量避免使用。南方可以用竹炭颗粒替代松鳞，效果很好。（松鳞在种植兰花时用得比较多，纯松鳞可以拿来种植石斛和卡特兰。在种植月季的介质里添加松鳞有利于排水透气。日本很多花园的土地表层会覆盖一层厚厚的松鳞，不仅美观还能有效防止杂草生长。）

竹炭

竹炭是竹子高温处理后的产物，个人认为竹炭算是性价比非常高的材料了，使用方便、适用面广且价格低廉。竹炭本身多孔，吸附能力较强，能改善土壤的理化性质，提高孔隙度和持水透气率。通常大颗粒竹炭用在盆底作为排水层，细碎一点的则混合其他介质使用。比较潮湿的南方种植铁线莲、耧斗菜、朱顶红、铁筷子，及其他喜湿怕涝植物的时候可以适当使用竹炭颗粒，既能促进排水透气还能有效防止烂根。

大颗粒竹炭适合铺在盆底作排水层。

玉簪‘日本鼠耳’。喜欢湿润但是怕积水的环境，增加颗粒物对其根系生长有利。

竹炭也非常适合同其他介质混合使用，是改善土壤透气性的好材料。

泥炭、珍珠岩、粗颗粒蛭石、竹炭和火山石等常用介质混合后是非常透气、透水的栽培介质。

栽培介质总结

目前，对绝大多数植物而言，泥土、草炭、泥炭，以及椰糠是主体栽培介质。而辅助栽培介质除了珍珠岩、鹿沼土和赤玉土，还有类似的桐生砂、植金石、日向土、硅藻土、火山石等。这类颗粒介质的功能大同小异，都是可以用来改善并调节土壤透气度和排水性。如果盆栽植物使用的花盆（容器）是非常不透气的材料做的，且盆底排水孔也很细小的话，栽培介质多混合一些粗颗粒物能有效预防浇水不当或梅雨季导致的烂根。

常用介质：①泥炭；②鹿沼土；③赤玉土；④硅藻土；⑤谷壳炭；⑥爱丽思颗粒土。一般种植月季用①+②+⑥；种植铁线莲用①+②+③+⑤；种植多肉植物是全部添加。爱丽思颗粒土可以用腐叶土代替。具体比例月季没有特别要求，铁线莲泥炭占全部的2/3左右，多肉植物泥炭占全部的1/3到1/2。其他植物基本参考铁线莲。

新手种植植物的介质配比可以参考园艺达人米米的意见。当然仅作参考而已，毕竟每个地区的气候环境不同，各种介质的混合比例要依据实际地域气候的不同做相应的调整。总的原则是要保证栽培介质的疏松透气。只有当植物的根系生长好了，才能枝繁叶茂，茁壮生长。

读者可上网搜索“绿手指园艺小讲堂”，了解更多栽培介质内容。

图/文：柏淼
部分照片感谢 米米 提供

作者简介

柏淼，知名园艺博主，95后，理工男，“绿手指园艺小讲堂”系列主讲人，“不务正业”的珠宝鉴定师。热爱园艺，有9年的园艺种植经验，擅长小花园设计。

春天正是除草季！

轻松战胜棘手的七大顽固杂草

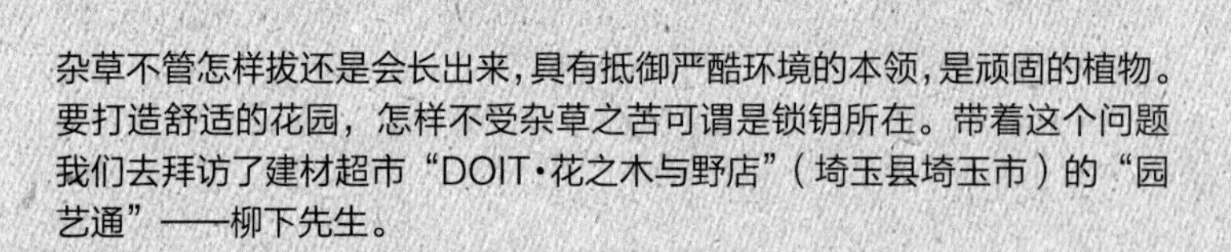

杂草不管怎样拔还是会长出来，具有抵御严酷环境的本领，是顽固的植物。要打造舒适的花园，怎样不受杂草之苦可谓是锁钥所在。带着这个问题我们去拜访了建材超市“DOIT·花之木与野店”（埼玉县埼玉市）的“园艺通”——柳下先生。

【监修】

柳下和之先生

曾担任建材超市“DOIT”植物采购员、策划员，2017年春天开始担任该店的“花之木与野店”店长。柳下先生颇具学者风范，不仅熟悉植物，还在昆虫、农药等跟园艺相关的领域游刃有余。

妨碍植物生长繁殖的杂草

只要有一点水分与阳光，杂草就能迅速发芽。放置不管的话，一眨眼的工夫就能长得十分茂盛。杂草蔓延开来的话，有碍观瞻自不必说，植物的采光、通风也会受到影响，从而妨碍其生长繁殖。一旦扩散开就更加不可收拾，所以需要趁早下手。

跟园艺植物一样，杂草也有一二年生和多年生之分。一二年生的种类主要以种子进行繁殖，多年生的除以种子进行繁殖外还可通过扩散地下茎，以及增根扩散进行繁殖。但无论什么植物，都是在生长趋于旺盛前的春天除草最佳，因为这样后面的劳作才会变得更加轻松。

这次我们聚焦院子里常见的7种杂草，介绍一下怎样应对它们。

园丁的烦恼 花园里的七大顽固杂草一览！

在院子里常见的、生命力旺盛的杂草中，介绍7种十分棘手的杂草。要是制服了它们，花园的打理就变得十分轻松了。

① 鱼腥草

三白草科　多年生

喜欢潮湿背阴的环境，可通过膨大的地下茎迅速扩散生长。

② 酢浆草

酢浆草科　多年生

种子飞弹而出，能向远处扩展阵地。也可通过地下茎繁殖。

③ 五月艾

菊科　多年生

根的张力很强，地下茎深埋地下，拔出来很费力气。

④ 禾本科杂草

牛筋草　纤毛马唐

狗尾草　早熟禾

禾本科　一二年生 / 多年生

种类不同大小也不同，但都生长迅速，多数种子的繁殖能力很强。

⑤ 问荆

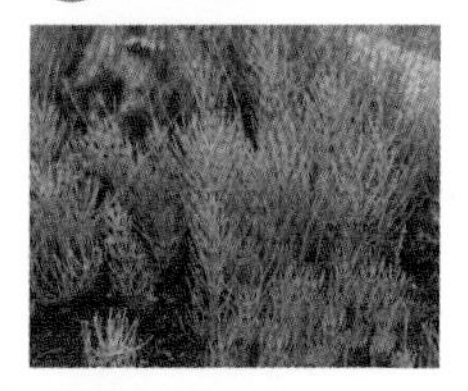

木贼科　多年生

早春长出来的问荆通过将孢子撒出，以及地下伸展缠绕的地下茎进行繁殖。

⑥ 乌蔹莓

葡萄科　多年生

伸展的藤蔓能将其他植物遮盖住。拉扯的话会将地面处的茎拔断。

⑦ 地钱

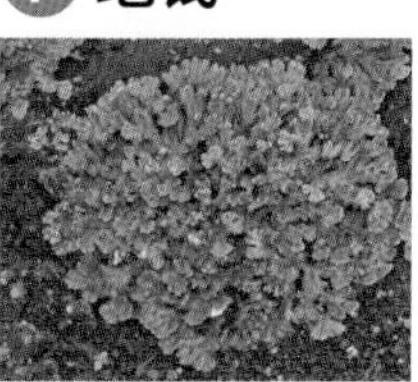

地钱科

出现在潮湿的地面和容器表面。吸附在地表进行扩散，难以除掉。

7种顽固杂草的繁殖方式及其对策

杂草不管怎么除，还是没完没了地长出来。这种让人惊叹的顽固其实是因为其“繁殖能力和生命力”旺盛。这里介绍7种顽固杂草繁殖的原理及对策。

繁殖手段	杂草举例	共通的性质	对策
种子繁殖（或孢子繁殖）	・酢浆草 ・禾本科杂草 ・地钱	●生长周期短，生长快，从幼苗阶段很快就能到开花结实阶段 ●能巧妙地将种子向远处飞弹出去 ●土里的种子寿命长且可休眠，可在不同时期发芽并能经过长时间再发芽	**开花结实之前除掉！** 种子散布后再拔草就为时已晚了。开花结实前除草是关键。需要注意的是，如果利用结实的杂草作为堆肥材料的话，残余的种子会发芽
地下茎繁殖	・鱼腥草 ・五月艾 ・乌蔹莓 ・问荆 ・禾本科杂草	●地下茎扩散很迅猛 ●很多通过根、块茎、茎切片等繁殖，具有很强的繁殖能力和再生能力 ●在土壤深处有休眠芽，只要有适宜的环境随时可以发芽	**根部扩张之前除掉！** 仅仅是除草的话，很快就会发出新叶。须根除以达到彻底消灭的目的。尽可能在根部扩张之前的小苗阶段拔除。根部扩张之前的春天正是杀它个片甲不留的好时机

杂草 除草方式及必备品

想要更高效地除草，找准合适的除草方法和便利的工具是关键。

4种必备品

鱼腥草、五月艾、乌蔹莓、大型禾本科杂草（芒等）	▶ **地上部分割除后，将根挖出** 对于长得很高的杂草，用三日月镰割除后，用三角锄把根挖出。
问荆、地钱、小型禾本科杂草（早熟禾等）	▶ **连根铲起** 对于地上部分不是特别大的杂草，可使用除草镰和三角锄，从根部铲起。
所有的杂草	▶ **使用除草剂** 只需要喷洒即可，很简便。在花园面积大或者园主没有劳作时间的情况下是很方便的。正确使用的话是安全可靠的。下一页会详细介绍。

除草镰

单手持杂草叶片，将除草镰刺入土里，把根铲断。

三日月镰

单手抓住杂草叶子，用镰刀的长刃将其刨断。很方便割断高大的叶片。

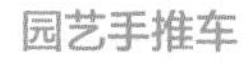

园艺手推车

可以坐着作业，所以对腿脚没有负担。座位下是收纳箱。

三角锄

把刀刃放平刨挖使用。也可以进行轻微的中耕松土。因为把柄很长，所以不用蹲下也可以使用。

有了除草剂，7种顽固杂草也能轻松除去

从一块地除到另一块地，腰腿都酸痛不已……对于说“除草作业不管怎样都很要命”的人，使用除草剂不啻为一种值得推荐的办法。只要正确使用就能保证安全，仅是喷洒就能将杂草清爽地除去，真是帮了园主们大忙。首先，我们了解一下时下除草剂的特征。

【高安全性的新时代除草剂】

说到除草剂，人们一般会联想到含有二噁英的“枯叶剂”，进而产生不安的情绪。但是，这其实是两码事。园艺店和建材超市里陈列的家庭除草剂大多是正确使用就很安全的。

最近常见的是用草甘膦和草丁膦这样的成分制成的氨基酸系的除草剂，这些成分能阻碍植物内形成氨基酸的酶的工作，而这些酶是植物生长所必需的。通过阻碍植物生长使得杂草枯萎。对于体内没有这类生成氨基酸的酶的人类和动物来说是不起作用的，落入土中的成分也会被微生物分解为无害的物质。此外，也有利用橙子和醋等天然成分的除草剂，市面上各色商品琳琅满目，使用前请好好确认其所含成分再做出选择吧。

【除草剂选择要点】

除草剂的种类很多，施用的地点、施用方法、药效持续时间各异。除草后要马上种植其他植物的话，建议选用不具备持久性的种类。反过来要是想除草时兼顾预防效果的话，便要选择持续奏效的种类。而要是种植蔬菜，就只能选择农地登记许可的除草剂。为了使用的安全，首要的是明确目的。

一点建议

对于不便施药的乌蔹莓该怎么做呢?

对于一扯地面的茎就会断掉而根部还残留在地里的乌蔹莓，最适合在夏天开花期间对付它。它的藤蔓会缠绕附着在树木上，施药容易使得树木一并枯萎。要将乌蔹莓的藤蔓从树木上拽下来，仔细把药喷洒在叶片上。

选择除草剂时需要提前确认的关键点

(1) 使用的场所和面积。
(2) 想要催枯的杂草种类。
(3) 奏效速度和持续时间。

【除草剂种类】

第一种

茎叶处理型

[这种时候使用]

· 想使杂草快速枯萎
· 想在除草后继续种植植物
· 想除去树木下的杂草

[特征]

液体状和颗粒状的种类是主流，通过附着在植物的茎叶上达到除草的效果。大多都能立竿见影但不具备持久性，所以落入土壤中也会立即失去活性，不会被植物的根部吸收。因此适用于树下和除草后还要继续种植植物的地方。请务必注意——因为要浸透到茎叶中，作业前不要割草。

第二种

土壤处理型

[这种时候使用]

想要长期地抑制杂草的生发

[特征]

以颗粒状的为主，也有液体状和微粒状的。将除草剂撒到土壤中让杂草从根部吸收，慢慢使其枯萎。药剂的成分会在土壤中停留一定时间，所以有持久的效果，能长时间地抑制杂草的生发。对于颗粒状和微粒状的除草剂来说，地面要是干燥的话不会有效果，雨后撒药才会见效。

东京出发！首席园艺师们导览的美丽花园！

药草花园

~在东京周围还有这么多精彩的花园~

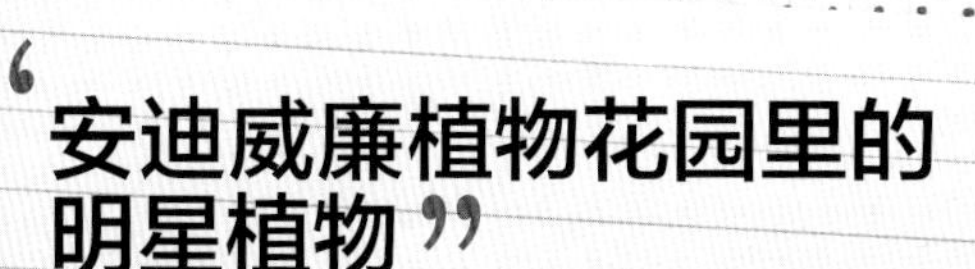

“安迪威廉植物花园里的明星植物”

Plant 1

丰花月季‘冰山’

可以说是世界上最著名的白玫瑰了。强健、多花、四季开放的性质让它成为白色花园中不可或缺的经典。

Plant 2

香草

通常香草都以它们的香气和药用功效而著称，实际上很多香草都有着美丽的外貌。例如鼠尾草就有紫叶、金叶和花叶的品种，虾夷葱也可以开出绒球般的小粉花。

Plant 3

蕨类

蕨类千变万化的叶子让它们在花园里别具一格。一般来说，喜好阴湿的蕨类多被种植在耐阴花园里，但其实向阳处花园的玫瑰藤架下或墙角边也可以种植蕨类来点缀。

「安迪威廉植物花园」

首席园艺师　太田先生

花园简介

安迪威廉植物花园是著名的家居和园艺中心连锁店JOYFUL HONDA旗下的展示花园，它再现了英国传统的乡村花园形态，具有20个以上不同风格的小花园。

花园里栽种了在园艺中心出售的各种植物。这也是一处便于客人实地勘察后购买苗木的好去处。

看点1

由丰花月季‘冰山’和银叶植物组成的白色花园

白色花园清新秀美，很多人都心向往之。只是在狭小的自家实现白色花园谈何容易，所以来到这里的白色花园，也是实现梦想的一个方法。

看点2

富有雕塑感的藤本玫瑰廊架独特的设计引人注目

安迪威廉植物花园的玫瑰藤架初看像是一个独特的现代派雕塑，实际上这些柱子都是由一片片瓷砖叠起来后扭曲而成。因为富有设计感，所以从传统的玫瑰藤架造型中脱颖而出。

Garden data

安迪威廉植物花园
地址：群马县太田市新田市野井町456-1
TEL：0276-60-902

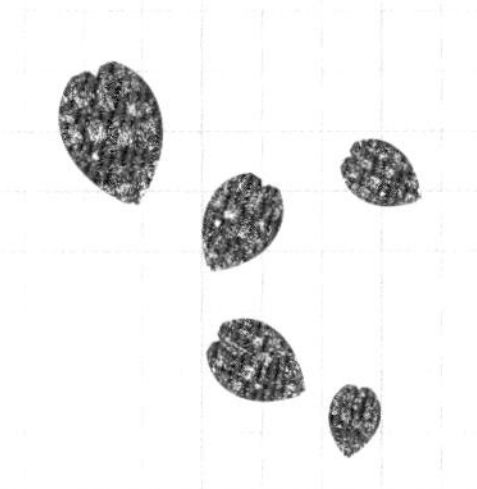

看点3

中世纪草药园风格的香草花园

香草花园最早来自于欧洲中世纪的修道院，这里的香草园也重新复制了最初的风格。各种芳香植物分类种植，并用方格隔开，更便于采撷。

“安迪威廉植物花园里的明星物品”

Item 1

地面铺装

安迪威廉植物花园的每个小景点都独具匠心地设计了不同的地面铺装，有砖头、碎石，也有专门定制的石材。

Item 2

雕塑

雕塑通常是一个花园的灵魂所在，大理石的“维纳斯女神+小爱神”的古典风格雕像和白色花园的意境非常吻合。

Item 3

拱门

除了藤架，拱门也是玫瑰园里不可或缺的物品，精美的雕花铁艺和英国玫瑰的柔美造型相得益彰。

看点4

种植了杏子、桃子等果树的围墙式英式蔬果园

高大的围墙提供了攀缘和避风的空间，更利于水果和蔬菜的生长。在墙壁上让枝条拉伸开也更便于收获果实。

看点5

秀美的植物包围着古典式的水景花园

方形的水池来自古代罗马的传统，也是欧洲几何式花园常用于中心的景观。单纯的水池会显得单调无趣，在它周围种上清爽的玉簪等观叶植物就可以改变生硬的观感。

看点6

修剪成方块的树篱排列成行是园丁们炫耀手艺的地方

修剪成形的树篱同样来自欧洲几何式花园，因为高超的技术和大量的人力维护，这个部分通常是各个花园里园丁们炫耀技巧的主会场。

看点1

具有20年才能长成的彩色针叶树林

在温室前方的针叶树林由蓝色、黄色、绿色的各种针叶树组成。针叶树素以生长缓慢而著称，要长出这样壮观的彩林，需要大约20年的时间。

「群马花卉园」

管理公司社长 石桥先生

“群马花卉园里的明星植物”

Plant 1

野生四照花

来自附近赤城山区的野生四照花，和大花的园艺品种相比，更加精致，花朵也更多，开放起来具有蓬勃张扬的野性美。

Plant 2

翡翠葛

原产菲律宾的珍贵热带植物，需要生长多年后才会开始开花，花色是独具韵味的绿松石色，所以得名“翡翠葛”。群马花卉园的翡翠葛每年5月中旬都会开花。

Plant 3

微月‘安云野’

被称为“镇园之宝”的多头微型月季品种。通过嫁接和支撑，使它形成了圆球形的造型，每年春季开放的时候蔚为壮观。

花园简介

群马花卉园是位于赤城山脚下的一座大型花卉公园，里面有温室、杜鹃园、玫瑰园、日本花园、香草园、岩石园等数十个专类花园。因为是县立的公共花园，所以有很多适合全家游乐的设施和场地，每年春季还有盛大的郁金香花展。

看点2

清凉秀丽的日本花园

群马花卉园里有一个标准的环游式日本花园，经过精密的净化系统处理，日本花园的池水始终保持清澈干净。除了传统的杜鹃花、枫树，池中的睡莲和锦鲤也为花园增色不少。

Garden data

群马花卉园
地址：群马县前桥市柏仓町2471-7
TEL：027-283-8189P6

看点3

给人深刻印象的入口处大花坛

作为一个公共花园，盛大的迎宾花坛在每个季节都会更换不同的主角——春天的郁金香、秋天的大丽菊、夏天的矮牵牛。我们去的时候正逢花坛换季，可以看到精心地耕耘土壤是美丽花坛赖以生存的基础。

“群马花卉园里的明星物品”

Item 1

温室

巨大的玻璃温室里种植着各种热带植物，还有热带水景。

Item 2

石材

因为附近是山区，有不少有名的石材可以使用。尤其是日本花园里的石材运用非常值得学习。

Item 3

花艺作品

用春季一年生植物，如各种颜色的六倍利，做成裙子一样的造型，特别适合游客上去拍照。穿上这条美丽的花裙，每个人都变身为花仙子了。

看点4

英国女设计师设计的围墙式宿根花园

英国女设计师的作品，风格清新。原本具有原汁原味的英伦风情，经过10多年的更新换代，这里的植物也变成更适宜日本本土环境的植物。

看点5

由精剪匠人们悉心打造的造型玫瑰园

与常见的玫瑰园不同，群马花卉园的玫瑰园里有许多嫁接而成的树状玫瑰，除了欣赏盛开时的壮景，看看枝条嫁接怎么操作的也是一个好的学习机会。

看点6

和本地植物融为一体的岩石园

初期的岩石园种植了大量的高山植物，后来慢慢变成适宜本地气候的植物的领地，精美的观赏草的花穗和粗砺的火山石搭配起来完美和谐。

「拉卡斯塔自然治愈花园」

首席园艺师 江间先生

“拉卡斯塔自然治愈花园里的明星植物”

Plant 1

白桦树

白桦树是长野县的县树，也是特别适合这一带高原气候的树木。因为树干是美丽的银白色，在绿意盎然的林地花园里显得格外清新明亮。

Plant 2

松果菊

松果菊是一种很有用的药草植物，可用于制作护发产品。在拉卡斯塔的农场里用无农药的方法种植了很多松果菊，包括一些不常见的品种。

Plant 3

大丽花‘黑蝶’

拉卡斯塔是一座没有玫瑰的花园，他们使用了艳丽丰满的大丽花来作为花境的主角。橘黄色的小花品种娇美可爱，而大型的重瓣花‘黑蝶’庄重神秘，极有存在感。

花园简介

拉卡斯塔自然治愈花园是由日本著名自然护发品生产公司打造的。该公司拥有生产原料的有机农场，其护发产品都来自天然植物。美丽的香草、药用植物加上长野县特有的树木和花卉，拉卡斯塔花园正如其名，不仅是美的享受，还让人一进入就有安心和治愈之感。

看点1

汇集了世界各地的香料植物的香气花园

在仿佛自然神殿般的台阶式造型花园里，种植着来自世界各地的香料植物，既有著名的薰衣草、快乐鼠尾草、藿香、百里香，也有平时很难看到的杜松和尤加利。

看点2

仿佛进入自然林间一般的荫地花园

拉卡斯塔的荫地花园里种植了作为骨架的山绣球、荚蒾等木本植物，再点缀以玉簪、箱根草和各种山野草。到了春夏之交，紫斑风铃草、落新妇开出淡淡的粉色花朵，为阴凉的花园带来一抹明媚。

看点3

百合和大丽花组成的宿根花境

宿根花境是特别能代表花园性格的地方，拉卡斯塔的宿根花境里种植了苔草、彩叶植物作为背景，再加上蓝紫色的锦葵、白色的香矢车菊，画面清新雅致。在这之上加上几株黑红色的大丽花‘黑蝶’，瞬间增强了整个花境的神秘感。

看点4

绿草坪、大丽花、松果菊和各种一年生植物组成的主花坛

在好像法国城堡一般的公司大楼门口，是最重要的景观——主花坛。这里种植了比较艳丽的一年生花卉，再加上花期特别长的松果菊，让花坛一年四季都充满色彩。松果菊也是该公司的象征植物，可以说别有内涵。

看点5

针叶花园

这里展示了公司创建者收藏的各种针叶树，除了常规的树木，还有经过特别造型设计的奇形树。

看点6

精油提取操作和芳疗教室、产品直销店

公司的概念是将植物运用在保养护理品上，所以这里展示了各种香料、精油的提取方法，还有公司的产品直销店。非常亲切的是，说明书还有中文版。

“拉卡斯塔自然治愈花园里的明星物品”

Item 1

水池

在公司大门口的水池，引来了日本阿尔卑斯山脉上富含矿物质的泉水，再加上池子底部铺装的瓷砖颜色，让整个水池呈现出高山湖泊才有的翡翠蓝色。

Item 2

石墙

爬满藤本植物的石墙透露出年代感，而且起到了很好的视觉分割效果。透过石墙下的圆门看出去的风景也格外幽深迷人。

Item 3

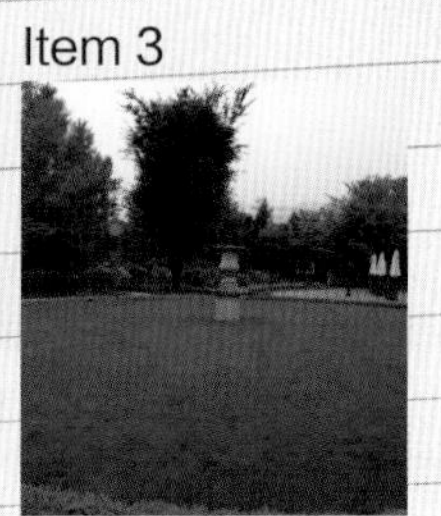

草坪

绿茸茸的草坪是整个花园里最费人工的地方，为了保持它终年常绿，这里使用了两种草籽来播种，并且要每个星期修剪一次。

Garden data

拉卡斯塔自然治愈花园
地址：长野县大町市常盘9729-2
TEL：0261-21-1611

看点1

玫瑰花园

理所当然最重要的玫瑰花园位于大门入口处，包括一座完整的围墙式玫瑰园和一座半开放式玫瑰园。封闭的环境除了可以提高温度，促进玫瑰开花，还可以锁住香气，给观众丰富的体验。

「长野柯齐纳英式花园」

园艺师 森山先生

花园简介

长野柯齐纳是著名的滑雪胜地，在积雪融化后，清新的空气、凉爽的气候又让它成为夏日的植物天堂。

长野柯齐纳英式花园是由东京玫瑰展的主设计师查普曼主持打造的一座英式自然派花园。从山下到山上，一共有12座不同的小花园。

“长野柯齐纳英式花园里的明星植物”

Plant 1

黄花月见草

这是一种可以白天开花的月见草，花朵有小碗大小，质地柔软，颜色干净，特别适合和蓝色的植物搭配。

Plant 2

老鹳草

蓝色的花朵清秀迷人，春季可以大量开花。在平地因为夏季炎热常常生长不良，但在这里可谓是得天独厚了。

Plant 3

藤本蔷薇

枝条纤细、叶子也小的藤本蔷薇牵引成树枝形，开放时密密麻麻的小花缀满枝头，清秀而又不失热闹。

看点2

镜像花境

通常镜像花境是由两边完全一样的对称花境组成，但园艺师森山先生告诉我们，这里的花境并不是绝对对称，反而故意制造了少量的对比，形成“立中有破”的格局。

Garden data

长野柯齐纳英式花园

地址：长野县北安昙郡小谷村千国乙12860-1

TEL：0570-097489

看点3

球根花园

根据地势在山间建造了一些看起来仿佛是自然生长的花园，不开花的时候宛若野地，但是埋在地下的球根会根据季节冒出来，带给人们意外的惊喜。

“长野柯齐纳英式花园里的明星物品”

Item 1

动植物雕塑

狮子、老鹰和凤梨等造型给予花园每个部分不同的特色，例如这一对门口的狮子就表达了守护的意味。

Item 2

人物雕像

好像在说故事一般的人物雕像，因为可爱的儿童石像的加入，所有植物都变得生机勃勃起来。

Item 3

圆门

有点东方风格的圆门，特别适合牵引玫瑰。圆润的造型也给人幸福的感觉。

看点4

林地花园

同样是模仿本地山野建造的花园，走进去就像进入了长野的山间小道。植物也选择了朴素的山野草、升麻、玉簪等植物。同时又使用白色叶子的花叶杞柳来提高花园的亮度。

看点5

有着易于打理的宿根植物的山顶秘密花园

最顶上是秘密花园，这里种植着很多美丽的宿根植物——芍药、鸢尾、落新妇等，因为地点距离山下远，易于打理的宿根植物更有优势。皮实的圆锥绣球花也带来了初夏的亮彩。

看点6

园艺用品店

长野柯齐纳英式花园下面是一间瑞士山区风格建筑的酒店，酒店里有餐饮和专卖店，出售来自世界各国的园艺用品。同时，花园大门口也有苗木卖场。

浓缩的景观，升华的美丽

——组合盆栽征文大赏精彩放送

一个漂亮的花器，几种美丽的植物，经过花友的巧手，组合成全新的盆栽。这样的盆栽，如同花园中的小景，既展示着植株自身的魅力，又融合出别样的美感。绿手指编辑部借着《赏花识器：盆栽花园完全手册》热卖的东风，举行了一场“冬季组合盆栽征文大赛”，并邀请了园艺作家蔡丸子、兔毛爹，花艺达人JoJo，《花园MOOK》主编药草花园，以及原执行主编唐洁作为评委，为我们的参赛作品进行投票点评。

作品1

绿意复古时光

创作者：糖糖

植物品种：
小香松
花千叶
银叶菊
角堇

盆器：
复古狮头冰裂纹盆

◎设计思路

立体剪裁的粉绿色小香松，玲珑蔓长的墨绿色花千叶，搭配灰粉色‘蝴蝶结’和银色‘蕾丝花边’，嵌入水蓝色的复古冰裂纹陶盆中，是这个冬季盛行的配色灵感。

点评：

优点：这件作品较为成功，色彩感很强。带有冰裂的蓝色陶盆给人一种“铁马冰河入梦来”的苍冷，挺拔的香松和银色的配植恰如其分地表现出冬天的季相。蓬勃的角堇象征着希望，也预示着存活在人们心里的春天终会“破冰”而来。从冬季组合盆栽的角度看，这是一件符合主题的好作品。

缺点：图片背景有些混乱。从视觉角度来看，一眼望去，焦点是银叶菊，但是小香松的高度又会抢走关注，所以从这点来说整体不太协调。若将小香松更换成一个矮一点的植物，会弱化这种喧宾夺主的感觉。

作品2

星宿花园

创作者：阿咕

植物品种：
报春花
角堇
千叶兰‘迷彩’
卷叶欧芹
常春藤‘塞浦路斯’
绵杉菊

盆器：
白铁皮盆

◎设计思路

冬日里盛开的报春花成了今年的新宠，持久的花期能够陪伴你整个冬日。

报春花之间穿插着细瓣角堇和千叶兰，一阵风吹过，好似一群跳跃的小兔子，非常可爱。

千叶兰细碎的枝条围绕着大花报春，自由且慵懒，银色叶脉的植物更像是冬季里的一点积雪，营造出丰富的层次感。

点评：

色彩非常棒，紫红色和蓝色的搭配神秘又温和。盆器尤其出彩，优雅的色彩和朴实的铁皮花盆搭配得很协调，仿佛来到欧洲乡村一般。

作品3　橙色乐章　创作者：茉莉

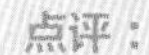

序曲

植物品种：

郁金香
角堇（白色）
重瓣石竹（紫红色）

盆器：

印花瓷盆

设计思路

瓷盆上本就印有郁金香等球根花卉的图案，再种以郁金香作呼应，真是太合适了！盆器本身的图案和颜色比较复杂，抢眼的橙红色刚好可以镇住，但配花就不能选太多颜色，只选用了中性的白色角堇，并以白边紫红的石竹作为点缀即可。整体风格偏柔和、温暖，好似乐章的序曲，娓娓道来。

点评：

这组作品以三部曲的形式呈现，色彩和构图都比较有特色。

《序曲》中器与花的呼应，是这个作品最大的特点。郁金香亭亭玉立的茎秆好似少女们婀娜的身姿，而白色的角堇和紫色的石竹则仿佛是她们裙子上的蕾丝裙摆。这件作品的美，源自这些绿衣“少女”满怀“春心”凭栏相望的可爱。

《幻想曲》中郁金香的婀娜和天竺葵的稳重，以及蕨类植物的不羁，让整件作品有了一个近乎完美的不对称三角形构图。不对称的三角形在视觉上带来的是信赖和稳定。

高高的郁金香，被周围的蕨类簇拥，形成一种视觉上的缓冲，显得层次很丰富。盆器和植物的比例为1：1.5。色彩协调，相互呼应。

幻想曲

植物品种：

郁金香
天竺葵（肉橙色）
角堇（白色）
傅氏蕨
银边草
常春藤

盆器：

仿水泥六角盆

设计思路

肉橙色的天竺葵作为中景，也作为乐曲的递进，烘托了主花的热烈奔放。橙红色带黄边的花朵仿佛火焰，向上、跳跃、燃烧，逐渐迈向高潮。傅氏蕨、银边草、角堇等植物仿佛不同的副乐器，与主乐器一起，合奏出一曲华美乐章。

变奏曲

植物品种：

郁金香
角堇（紫红）
三叶草（深紫色）
麦冬（黑色）
银叶菊
银边草

盆器：

复古造型陶盆

设计思路

配花花色选用了偏冷色调的银灰色和比较沉郁的深紫色、黑色，与热情似火的橙红色郁金香形成对比，表达出一种对立中的和谐以及克制的情绪。银边草和黑色麦冬上扬和下垂的线条，丰富了整个盆栽的立体造型。

作品4　温柔的倾诉　创作者：茉莉

植物品种：薰衣草　报春花（蓝紫色）　角堇（粉紫色）　满天星（粉色）

盆器：深灰色白铁皮桶

◎设计思路

深深浅浅的紫色系搭配，最容易营造出梦幻浪漫的效果。蓝紫色的报春花作为主花，被浅粉紫色的角堇簇拥着，背景是稍高的薰衣草，满天星如瀑布般散垂在前端，弱化了铁皮桶的高度。温柔、甜美，好像少女在细细倾诉。

点评：

仿佛听到了花儿们的倾诉与私语，语间带有“此情可待成追忆”的浪漫。蓝色的薰衣草像是一只信誓旦旦指着天的手，满天星粉色的花像是裙摆上的刺绣，这是一件形象感很不错的作品。色彩搭配也很完美，粉紫色角堇和蓝紫色报春花中间用浅粉色的满天星做了色彩的过渡，背后还有一株紫色的薰衣草呼应，色彩感很好。

作品5　丛林曲调

创作者：阿咕

植物品种：

小丑火棘
皱边三色堇‘闪现’
棕叶薹草‘野马’
角堇‘洛马龙’
彩叶车轴草‘章鱼’

盆器：

瓦陶

◎设计思路

丛生的枝条就像是冬季枯落的植物，被寒风吹红了叶片。棕黄色薹草是冬季落寞的表现，可在这些残败植物保护的地方，却有一群新的生命。皱边三色堇独自绽放，小花角堇时不时冒出脑袋，新生与败落是季节的更迭。

点评：

黄色的花器代表大地，角堇代表新生，直立的枝条代表败落，一切都契合这个组合的主题——新生与败落是季节的更迭。而且植物和器皿的色彩搭配很美，呼应主题，线条感也很好。

作品6　悬浮的午夜梦境　创作者：阿咕

植物品种：

角堇
报春花
银叶菊
矾根‘午夜玫瑰’
常春藤‘白色奇迹’
千叶兰
银丝薹草

盆器：

壁挂盆

◎设计思路

立面的装饰往往容易被忽视，在植物不再繁茂的冬季，壁挂式的花篮最为合适。耐寒的角堇、报春花，搭配不同叶色的银叶菊和矾根，组成丰满的花球，线条型的薹草和飘逸的千叶兰增加了灵动感，随着时间推移，植物之间搭配得更加自然，成为冬季庭院的亮点盆栽。

点评：

悬挂盆栽是组合盆栽的重要组成部分。这种壁挂式的盆栽形式非常新颖，从而在这批作品中脱颖而出。创作者对色彩的运用可谓独具匠心，有种自来旧的感觉。层次分明，薹草的线条感运用得很好。拍摄背景非常棒，很复古，与作品完美地融合在一起。

作品7

天方夜谭

创作者：阿咕

植物品种：

大花三色堇
角堇‘洛马龙’
铜叶金鱼草‘幸运之唇’
矾根
龙面花
迷你仙客来
彩叶车轴草‘巧克力’
多花筋骨草
紫叶鸭儿芹

盆器：

铁丝篮

◎设计思路

超大花的三色堇与超小花的角堇的碰撞。暗色系的植物搭配，带有神秘的感觉。暗色叶的鸭儿芹和筋骨草在冬季有着非常好的质感，深粉色的花朵和暗红色的叶片这种同色系的植物搭配更能体现层次感，大小花朵也呈现了不同的深度和立体感。

点评：

色彩的运用很有意思——选择同色系花叶。这种颜色搭配感觉其他人好像没怎么使用过，比较特别。盆器也非常出彩。

作品8

可爱·小清新范

创作者：淡淡的水雾

植物品种：

角堇
香雪球（白色）
姬小菊

盆器：

铁丝提篮

◎设计思路

铁丝小篮子配上古朴的麻布，加入清新的小花——具有白色小碎花的香雪球、星星点点的像蝴蝶似的小角堇，带有飘逸叶片和紫色小花的姬小菊，给人温和、雅致的感觉。

点评：

飘逸、自然、简单、干净，充满着春天的气息，像是一篮刚刚从菜市场买回的新鲜蔬菜，让人一看到就想去野餐。色彩、器皿，都很有意思，独特的花器是这件作品成功的一半。朴素的香雪球和飘逸的姬小菊，让人联想起生活的欣欣向荣和冬日艳阳的温暖，细碎却不杂乱。是故，愿为这篮象征着“平凡”的新鲜“蔬菜”点赞。

点评：

干净利落，花器较为新颖，植物的选择也很棒，不同形状叶片的搭配很讨喜。深红色工业风花器与红色叶片呼应，背景以清新绿色为主，给人冬日暖阳的感觉。配植中薄荷的运用使作品除了“色”，还有了“味”，是值得借鉴的好方法。最有趣的是那片伸出来的常春藤叶子，感觉特别俏皮。

作品9　冬日春意　创作者：绿泡沫

植物品种：

常春藤
皱叶红椒草
银线蕨
薄荷
矮生报春花

盆器：

深褐色铁皮圆筒花器（可摆可挂）

◎设计思路

北方漫长的冬季导致人的情绪比较低沉，室内光照也相对有限，故选材以耐半阴、叶形和色彩漂亮的观叶植物为主，配以白花紫边的矮生报春花。这样的搭配给人以清新靓丽的春天般的视觉感受，常春藤、薄荷等枝叶生长垂挂后观赏性更强。

作品10　盛宴　创作者：CoCo小蔻

植物品种：

金边菖蒲
矾根
假花马齿苋
角堇
银叶菊
常春藤
柠檬百里香

盆器：

奖杯盆

◎设计思路

冬日里的组合盆栽，不管是作主角还是陪衬，角堇、矾根、银叶菊都是不二之选，特别是在手边材料并不充裕的情况下，它们就首当其冲了。前景的白色小花匍匐在奖杯盆边，给人平静稳重之感，配以高耸的菖蒲，不仅色彩亮丽，还巧妙地融入线条感，给人活泼俏皮的印象。

点评：

色调统一，搭配合理，飘逸、自然且简单，是一件很有意思的作品，评委们一致决定给它取名为“盛宴”。马齿苋和角堇都是可食用的植物。亭亭玉立的菖蒲仿佛是悬在空中的筷子，而银色的花器则让人体会出一种“取之不尽，用之不竭”的从容。若后面的菖蒲与底下的植物中间有一个过渡作缓冲，削弱直立的感觉，在视觉上会更棒。

点评：

这件作品取胜于色彩和创意。紫色系的石竹和美女樱让人联想起初夏的浪漫气息，而在风中摇曳着的薰衣草宛若飘动的音符，让整个作品增加了不可多得的动感。创作者选择的条形容器，本身的搭配难度就非常大，但这件作品却给我们带来了惊喜，有高矮，有层次，有视觉重点，也很灵动。整个组合盆栽就像是一个开满了鲜花的小花园。

作品11　枯木逢春　创作者：桦

植物品种：

石竹
常春藤
薰衣草
猫眼竹芋
微月（粉色）
细叶美女樱
香雪球（紫色）
百可花（假马齿苋）

盆器：

空心榆木槽

◎设计思路

主要以紫色系花草搭配粉色微月，营造梦幻浪漫的氛围。穗状的薰衣草既能增加层次感又能使作品比较自然，整个作品看起来像一个自然小花境。

作品12　向冬天致敬　创作者：皇甫

● 春天

植物品种：

三色堇
香雪球
蕨
酢浆草
活血丹

盆器：

复古做旧铁艺盆

◎设计思路

酢浆草、蕨，以及活血丹的明亮花叶一扫冬天的阴郁，衬托出主花粉色三色堇的娇嫩明媚。组盆在萧条的冬日显得生机勃勃，似乎可以感受到春天的来临。

● 自然而然

植物品种：

花叶香雪球
仙客来
蕨
龙面花

盆器：

藤条盆

◎设计思路

透着乡村自然气息的藤条盆搭配飘逸的香雪球以及拥有醒目色彩的蕨类，再配上冬天盛开的龙面花和仙客来，色彩和谐，自然随性，却又利落清爽。

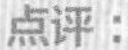

点评：

作品《春天》，色彩运用得当，但右后方感觉略空。作品《自然而然》更丰满一些，有色彩的过渡，也有造型，蕨显得比较张扬。

组合盆栽作品欣赏

植物品种：
某芋、阿波罗蕨、2种小彩叶、罗汉松、石菖蒲

创作者：Hongqing

植物品种：
红小町、多棱玉、巨鹫玉、玉翁、日出、鸾凤玉、狮子王、杜威疣球

创作者：JoJo

植物品种：
银叶菊、常春藤、薰衣草、羽衣甘蓝粉鹤、角堇

创作者：淡淡的水雾

植物品种：
澳洲石斛、蕨、常春藤、飞羽竹芋、四季报春、阿波罗蕨（因为习性，这些品种不太适合栽种在一起，所以只是连盆在藤筐里摆放到了一起）

创作者：Hongqing

植物品种：
星王子、虹之玉、肉锥、唐印、凝脂莲、钱串

创作者：JoJo

植物品种：
矾根、阿波罗蕨、石斛、常春藤、仙客来、凤尾蕨

创作者：Hongqing

植物品种：
羽衣甘蓝、紫罗兰、角堇、薰衣草、银叶菊、常春藤、蕨类

创作者：张璐艳

植物品种：
花毛茛‘黄色’、三色堇‘闪现柠檬黄’、迷你角堇‘黄黑撞色’、西洋蓍草、银叶蜡菊、斑叶紫金牛、矾根‘流苏巧克力’、金边柠檬百里香、花叶天胡荽、羽衣甘蓝‘白鸥’、常春藤‘心叶’、金叶薹草

创作者：夜昭叔

植物品种：
角堇、银姬小蜡、常春藤、香雪球、花叶麦冬

创作者：白舞青逸

植物品种：
香雪球（紫色）、小角堇（白色）、绵杉菊、意大利蜡菊、百里香、头花蓼、极小环（勿忘我）

创作者：桦

植物品种：
蝴蝶兰、翡翠

创作者：花不语

植物品种：
香雪球、小角堇、苔藓、风信子

创作者：桦

植物品种：
矾根、虎耳草、黄金过路黄、常春藤、花叶常春藤、花毛茛（白色和黄色）

创作者：桦

植物品种：
黄金香柏、角堇、翠菊

创作者：桦

植物品种：
六倍利、薰衣草、金叶菖蒲、粉石竹、小角堇、飞燕草、过路黄

创作者：桦

植物品种：
重瓣报春花、皱边三色堇、棉衫菊、皱边羽衣甘蓝

创作者：阿咕

植物品种：
苔草‘红公鸡’、须苞石竹、雪艾、小兔子角堇、大花三色堇、花叶络石、矾根、车轴草‘紫叶’

创作者：阿咕

植物品种：
重瓣报春花、勿忘草、麦冬、角堇、花叶天胡荽、美女樱、蛇莓、斑叶费利菊

创作者：阿咕

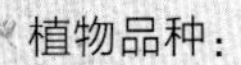

植物品种：
紫罗兰、角堇（白色）、姬小菊（紫色）、满天星（粉紫色）

创作者：茉莉

植物品种：
番红花、翠云草、满天星

创作者：茉莉

盆器组合：
若主要以欣赏盆器造型为主，我们选择植材的时候就应以突出和体现盆器的造型为原则，而不能让植材喧宾夺主。

创作者：茉莉

复合组盆：

盆栽往往不是一个个孤立存在的，不同的盆栽组合在一起，能达到惊人的效果。同时，将盆栽放在合适的空间，更能营造出各种氛围。

创作者：茉莉

植物品种：

虹之玉、小人祭、珊瑚珠‘晚霞之舞’、旋叶姬星美人、百花小松、花月夜

创作者：庭漫园艺 娜娜

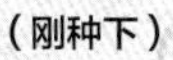

（刚种下）

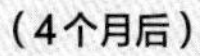

（4个月后）

植物品种：

络石、角堇、银叶菊、香冠柏（对称搭配）

创作者：米米童

植物品种：

矾根、花叶蔓、角堇、银叶菊、杜鹃

创作者：庭漫园艺 娜娜

植物品种：

彩叶草、鸟巢厥、狼尾厥、石竹、角堇、常青藤、勋章菊

创作者：mige

植物品种：

金钱木、雅乐之舞、姬胧月、奥普琳娜、黛比、吉娃莲、雪莲、黄丽、红宝石、滇石莲、静夜、花月夜、虹之玉锦、白牡丹、锦晃星、艾格尼丝玫瑰、乌木、露娜莲、鸡蛋美人、特玉莲、红心莲

创作者：慕容楚楚

- 最全面的园艺生活指导，花园生活的百变创意，打造属于你的个性花园
- 开启与自然的对话，在园艺里寻找自己的宁静天地
- 滋润心灵的森系阅读，营造清新雅致的自然生活

Garden&Garden 杂志国内唯一授权版

Garden&Garden 杂志是来自于日本东京的园艺杂志，其充满时尚感的图片和实用经典案例，受到园艺师、花友及热爱生活和自然的人们喜爱。《花园 MOOK》在此基础上加入适合国内花友的最新园艺内容，是一套不可多得的园艺指导图书。

精确联接园艺读者

精准定位中国园艺爱好者群体——中高端爱好者与普通爱好者，为园艺爱好者介绍最新园艺资讯、园艺技术、专业知识。

倡导园艺生活方式

将园艺作为“生活方式”进行倡导，并与生活紧密结合，培养更多读者对园艺的兴趣，使其成为园艺爱好者。

创新园艺传播方式

将园艺图书/杂志时尚化、生活化、人文化；开拓更多时尚园艺载体，比如花园 MOOK、花园记事本、花草台历等。

Vol.01

花园MOOK·金暖秋冬号

Vol.02

花园MOOK·粉彩早春号

Vol.03

花园MOOK·静好春光号

Vol.04

花园MOOK·绿意凉风号

Vol.05

花园MOOK·私房杂货号

Vol.06

花园MOOK·铁线莲号

Vol.07

花园MOOK·玫瑰月季号

Vol.08

花园MOOK·绣球号

Vol.09

花园MOOK·创意组盆号

订购方法

- 《花园 MOOK》丛书订购电话　TEL／027-87679468
- 淘宝店铺地址

http://shop453076817.taobao.com/

加入绿手指俱乐部的方法

欢迎加入绿手指园艺俱乐部，我们将会推出更多优秀园艺图书，让您的生活充满绿意！

入会方式：

1. 请详细填写你的地址、电话、姓名等基本资料，以及对绿手指图书的建议，寄至出版社（湖北省武汉市雄楚大街 268 号出版文化城 B 座 13 楼 湖北科学技术出版社 绿手指园艺俱乐部收）
2. 加入绿手指园艺俱乐部 QQ 群：235453414，参与俱乐部互动。

会员福利：

1. 你的任何问题都将获得最详尽的解答，且不收取任何费用。
2. 可优先得知绿手指园艺丛书的上市日期及相关活动讯息，购买绿手指园艺丛书会有意想不到的优惠。
3. 可优先得到参与绿手指俱乐部举办相关活动的机会。
4. 各种礼品等你来领取。